Pferde verstehen
Umgang und Bodenarbeit

- Verhalten
- Sinneswahrnehmungen
- Lernfähigkeit
- Praxisübungen

FNverlag
der Deutschen
Reiterlichen Vereinigung GmbH
Warendorf

Bibliografische Information der Deutschen Nationalbibliothek
Die Deutsche Nationalbibliothek verzeichnet diese Publikation in der Deutschen Nationalbibliografie; detaillierte Daten sind im Internet über http://dnb.d-nb.de abrufbar.

HERAUSGEBER
Deutsche Reiterliche Vereinigung e.V. – Bereich Sport, Abteilung Ausbildung und Wissenschaft – Bundesverband für Pferdesport und Pferdezucht, Fédération Equestre Nationale (FN), Warendorf.

GESAMTREDAKTION/LEKTORAT
Dr. Britta Schöffmann, Duisburg

TEXTE
Sabine Hänel, Sprockhövel; Prof. Dr. Konstanze Krüger, Wald; Dr. Uta König von Borstel, Göttingen; Dr. Claudia Münch, Haan; Dr. Britta Schöffmann, Duisburg

LEKTORAT
FN Abteilung Ausbildung und Wissenschaft

KORREKTORAT
Korrekturbüro Kirchhoff, Büren-Brenken

TITELFOTOS
Nicole Ising, Solingen: unten Mitte
Christiane Slawik, Würzburg: oben
Monika Schröter, Dillenburg: unten links und unten rechts

FOTOS INHALT
siehe Seite 170

ILLUSTRATIONEN
siehe Seite 170

GESAMTGESTALTUNG
mf-graphics, Marianne Fietzeck, Gütersloh

DRUCK UND VERARBEITUNG
Media-Print Informationstechnologie GmbH, Paderborn

ISBN 978-3-88542-793-3

FSC
www.fsc.org
MIX
Papier aus verantwortungsvollen Quellen
FSC® C013205

PFERDE VERSTEHEN

UMGANG UND BODENARBEIT

DANK

Ein besonderer Dank gilt den Mitgliedern des FN-Arbeitskreises „Bodenarbeit" für umfangreiche gedankliche Anregungen und aktive Unterstützung dieses Projektes:

Waltraud Böhmke
Pia Franzen
Sabine Hänel
Felicitas Hübener
Eva Lempa-Röller
Ute Limbach
Sally Mauson
Dr. Claudia Münch
Markus Scharmann
Dr. Britta Schöffmann
Monika Schröter
Friederike Tophoff-Kaup
Waltraud Weingarten (†)

Ein weiterer Dank gilt den Reiterinnen und Reitern, die uns mit ihren Pferden bei den Fotoaufnahmen unterstützt haben:

Hartmut Basche mit seinem Pferd TL Cherokees Pinklady
Oliver Cordes mit seinem Pferd Clooney
Pia Franzen mit ihrem Pferd Uschi und mit Charlie Brown
Hannah Limbach mit ihrem Pferd Oskar und mit Chey
Franca Lüdeke mit ihrem Pferd Sam
Michaela Müller mit ihrem Pferd Leon
Dr. Claudia Münch mit ihrem Pferd Chey und mit Rockadero
Lisa Schalück mit ihrem Pferd Valentina
Elisabeth Schindewolf mit ihrem Pferd Leni
Celine Schradick mit ihrem Pferd Soliere
Inga Thielen mit ihrem Pferd Farina
Inge Westhues mit Tochter Maya und ihrem Pony Lesley

VORWORT

Seit Einführung der Ausbildungs- und Prüfungs-Ordnung (APO) 2014 ist die Bodenarbeit Lehrstoff und Prüfungsinhalt in den REITABZEICHEN 10 bis 5 und in dem neu geschaffenen ABZEICHEN BODENARBEIT. Damit hat das elementare Thema rund um Erziehung und Handling von Pferden automatisch natürlich auch Einzug gehalten in die Ausbildung der Trainer, die ihren Schülern Theorie und Praxis der Bodenarbeit und damit ganz eng verbunden des allgemeinen Umgangs mit dem Lebewesen Pferd vermitteln sollen. Vor diesem Hintergrund ebenfalls neu ist die „Ergänzungsqualifikation Bodenarbeit" als Weiterbildungsangebot für Trainer eingerichtet worden.

Mit dem vorliegenden Grundlagenwerk schließt die Deutsche Reiterliche Vereinigung (FN) die bisher bestehende Lücke zwischen reiner Pferdeerziehung bzw. Umgang mit dem Pferd und Reiten, Fahren und Voltigieren. Das Buch PFERDE VERSTEHEN – UMGANG UND BODENARBEIT ist somit als Ergänzung der Richtlinien zu verstehen, das sich intensiv dem Pferd und seinen ursprünglichsten Eigenschaften und Bedürfnissen widmet sowie dem Menschen rund um die Erziehung vom Boden aus Wissen und praxisnahe Handlungsmöglichkeiten an die Hand gibt, die ein harmonisches, gefahrloses und würdiges, von gegenseitigem Vertrauen geprägtes Zusammenleben von Mensch und Pferd ermöglichen.
In der GRUNDAUSBILDUNG FÜR REITER UND PFERD, RICHTLINIEN FÜR REITEN UND FAHREN, BAND 1 bereits aufgegriffene Informationen rund um die Natur des Pferdes werden hier vor allem in den Bereichen Lernverhalten und Sinneswahrnehmungen der Pferde deutlich vertieft und ausführlich erläutert auf der Basis neuester wissenschaftlicher Erkenntnisse aus Verhaltensforschung, Tierpsychologie und Biologie. Darüber hinaus werden der bedeutende Bezug zwischen Bodenarbeit und Reiten dargestellt sowie die Ziele und Besonderheiten geführter Bodenarbeit und Freiarbeit. Dabei besteht das vorliegende Buch aus zwei getrennten, aber nicht minder eng verbundenen Teilen: zum einen aus dem theoretischen Teil rund um Geschichte, Ethologie, Sinneswahrnehmung und Lernverhalten von Pferden, zum anderen um den mehr praxisorientierten Teil der Bodenarbeit (Kapitel 6 + 7). Dazu gibt's zu den einzelnen Theorie-Kapiteln 1–5 jeweils praxisnahe Zusammenfassungen mit den wichtigsten Inhalten für Abzeichen- oder Ausbilderprüfungen.

Der Leser, ganz egal ob Reiter, Fahrer oder Voltigierer, ob Ausbilder, Trainer, Freizeit- oder Turniersportler oder gar Nicht-Reiter, findet in dieser ersten offiziellen Umgangs- und Bodenarbeits-Lehre möglichst methoden- und reitweisenübergreifend wichtiges Handwerkszeug auf seinem Weg zum echten Horseman.

DEUTSCHE REITERLICHE VEREINIGUNG E.V. (FN)
ABTEILUNG AUSBILDUNG UND WISSENSCHAFT
IM APRIL 2014

EINLEITUNG

Horsemanship beginnt am Boden

Über die Jahrhunderte wurden unzählige Lehrbücher über die Ausbildung von Menschen und Pferden im Reiten und Fahren geschrieben, jedoch die wenigsten dieser Werke befassten sich dabei tiefer gehend mit der Frage, wie Pferde eigentlich „ticken" und wie der Mensch lernen kann, ein echter Horseman, ein „Pferdemensch" zu werden. Vieles wurde als bekannt vorausgesetzt, rekrutierten sich die Reiter und Pferdeleute der Vergangenheit doch hauptsächlich aus der Landwirtschaft und dem Militär, sprich der Kavallerie. Das Wissen um die Natur des Lebewesens Pferd war, wenn auch vermutlich nicht so ins Detail gehend und wissenschaftlich erforscht wie heute, vorhanden. Man schenkte ihm jedoch nicht so große Aufmerksamkeit, das „Reitenlernen" stand im Vordergrund der Bemühungen.

Noch in unsere heutige Zeit hineinreichend hatte sich in den meisten Reitschulen des Landes daran nicht viel verändert. Die Menschen kamen, um zu reiten. Doch da sie immer häufiger aus ganz pferdefremden Berufen stammten und Pferde bisher nicht zu ihrem (häufig städtischen) Lebensumfeld gehört hatten, wurde die Schere zwischen Pferdefachleuten, die vieles als bekannt voraussetzten und von denen manche nach dem „Das-haben-wir-immer-schon-so-gemacht-Prinzip" arbeiteten, und Laien, die zwar offen für neue Denkansätze waren, dafür aber wenig oder überhaupt nichts über Pferde wussten, immer größer.

Dabei ist die Beschäftigung mit dem Wesen des Pferdes sowie damit eng verbunden die Bodenarbeit nicht neu, sie wurde bis dato nur nicht explizit in den Lehrbüchern der Reitmeister erwähnt, sondern eher beiläufig nebenher vermittelt.

Was aber ist Bodenarbeit eigentlich genau? Ein spezielles Ausbildungssystem? Eine festgeschriebene Methode? Ein Selbstzweck? Die Antwort ist recht simpel und unspektakulär:

Bodenarbeit ist zunächst einmal die Erziehung des Pferdes vom Boden aus, also die Grundlage für eine harmonische Verständigung zwischen dem Menschen und dem Pferd – nicht mehr, aber auch nicht weniger.

Damit findet Bodenarbeit bereits im täglichen Umgang mit dem Pferd statt, also beim Berühren, Streicheln, Aufhalftern, Führen, Pflegen und so fort. Sie ist deshalb auch ganz eng verknüpft mit dem Wissen um das Wesen des Pferdes, seinen Bedürfnissen und seinen natürlichen angeborenen Verhaltensweisen. Aus diesem Grund GEHT BODENARBEIT JEDEN AN, DER MIT PFERDEN ZU TUN HAT – sei es der Freizeit- oder Turniersportler oder aber der pferdeaffine Angehörige.

Doch Bodenarbeit, als Ausbildungs- und Trainingsmethode systematisch erarbeitet und unter Umständen sogar noch um die Freiarbeit, also die Bodenarbeit ganz ohne Führstrick oder Longe, erweitert, hat noch weiterführende Facetten und ist nicht nur eine wichtige Grundlage für die Mensch-Pferd-, sondern auch für die Pferd-Reiter-Beziehung. Bodenarbeit, richtig ausgeführt, fördert das Vertrauen und den Respekt des Pferdes gegenüber dem Menschen und damit auch die Sicherheit im Umgang mit dem Pferd.

Bodenarbeit findet ihre Anwendungsmöglichkeiten:

- Im täglichen erzieherischen Umgang beim Führen, am Anbindeplatz, beim Holen und Bringen aus der und in die Box, auf den Wegen von und zur Weide, Paddock usw.
- Bei der Gewöhnung junger Pferde, generell aber auch bei der Erziehung von Pferden jeden Alters. „Gute Manieren" erleichtern den Umgang und erhöhen die Sicherheit.
- Bei der Unterstützung von Reitanfängern durch den Trainer vom Boden aus.
- Zur Vorbereitung neu zu erlernender Lektionen wie Rückwärtsrichten, Vorhandwendung oder Schenkelweichen.
- Beim Aufwärmen von Reiter und Pferd vor dem Reiten und beim Trockenführen nach der Arbeit.
- Als mental anspruchsvolle Beschäftigung als Alternative zum Reiten (z.B. im Schritt bei Krankheit des Pferdes).
- Als Vorbereitung für Verladen, Longieren, Fahren und Handpferdereiten.
- Und vor allem: Bodenarbeit bringt Mensch und Pferd Abwechslung und macht Spaß!

Völlig unabhängig von Pferdesportdisziplin, Pferderasse oder Reitweise ist die Bodenarbeit letztlich die große Klammer, die alle und alles rund ums Pferd verbindet. Bei ihrer Ausführung verschwimmen Begriffe wie richtig und falsch, vielmehr stehen Begriffe wie zielführend oder nicht zielführend, pferdegerecht oder nicht pferdegerecht im Vordergrund.

Durch das Training werden Kommunikationsstrukturen aufgebaut, die sich auf den gesamten Umgang mit dem Pferd auswirken und ein engeres Vertrauensverhältnis entstehen lassen. Die feine Verständigung durch optimierte Körpersprache führt dazu, dass das Pferd mehr auf den Menschen achtet. Der Mensch setzt Körpersprache sowie verbale und taktile Kommandos gezielter ein und verbessert somit auch die eigene Selbstwahrnehmung. In der Arbeit vom Boden aus wird das Gespür für den richtigen Moment trainiert, das richtige

Timing von Einwirkung, Lob und Korrektur geschult. Auch für das Reiten hat diese Sensibilisierung für Timing und Dosierung der Hilfen große Vorteile.

Die Arbeit vom Boden schult darüber hinaus auch Selbstreflexion und Selbstbeherrschung des Menschen. Mit zu viel Druck und Strafe erreicht man sehr wenig oder gar nichts, denn ein Pferd auf Halfter oder gar ganz ohne ist eindeutig stärker als der Mensch und bei grober Einwirkung deutlich schlechter zu dominieren. Wenn sich diese Erkenntnis auch auf das Reiten überträgt, wird der harmonische und respektvolle Umgang mit den Pferden insgesamt unterstützt.

Das Erlernen einer klaren Kommunikation mit dem Pferd am Boden durch bewusstere Körperhaltung, Körperkoordination und Körpersprache verbessert darüber hinaus die Selbstsicherheit und das Selbstvertrauen im Umgang mit Pferden. Gerade bei Kindern und Jugendlichen ist erkennbar, dass sie allgemein durch die Bodenarbeit entscheidungsfähiger sowie führungssicherer werden und hierdurch auch Vorteile bei der reiterlichen Entwicklung haben. Auch ängstliche Reiter können meist durch die Arbeit am Boden schneller eine Beziehung zum Pferd aufbauen und dadurch auch auf dem Pferderücken sicherer und souveräner werden.

Bodenarbeit kann also das Verhältnis von Pferd und Mensch nachhaltig positiv verändern. Der Mensch kann sich dabei die natürlichen Verhaltensweisen des Pferdes wie das Lernen durch Nachahmung, den Herdentrieb und den Spieltrieb zunutze machen, um bei allem notwendigen Respekt und Gehorsam zu einem stressfreien und partnerschaftlichen Verhältnis zu kommen.

KAPITEL 1

ENTWICKLUNGSGESCHICHTE DES PFERDES

Die Entwicklungsgeschichte des Pferdes lässt sich anhand zahlreicher, gut erhaltener Knochenfunde über etwa 55 Millionen Jahre zurückverfolgen. Aufgrund der einzigartig guten Erhaltung und Verteilung über die Erdzeitalter dieser Knochenfunde dient das Pferd häufig sogar als Lehrbuchbeispiel für die Evolution von Säugetieren. Aus dem etwa fuchsgroßen, wildlebenden Vorfahren unserer Pferde, dem Eohippus, entwickelte sich vor rund 2 Millionen Jahren das Equus Caballus. Es lebt(e) in der Steppe, ernährt(e) sich von Gräsern, Kräutern, Wurzeln und manchmal auch von Rinde und Blättern.

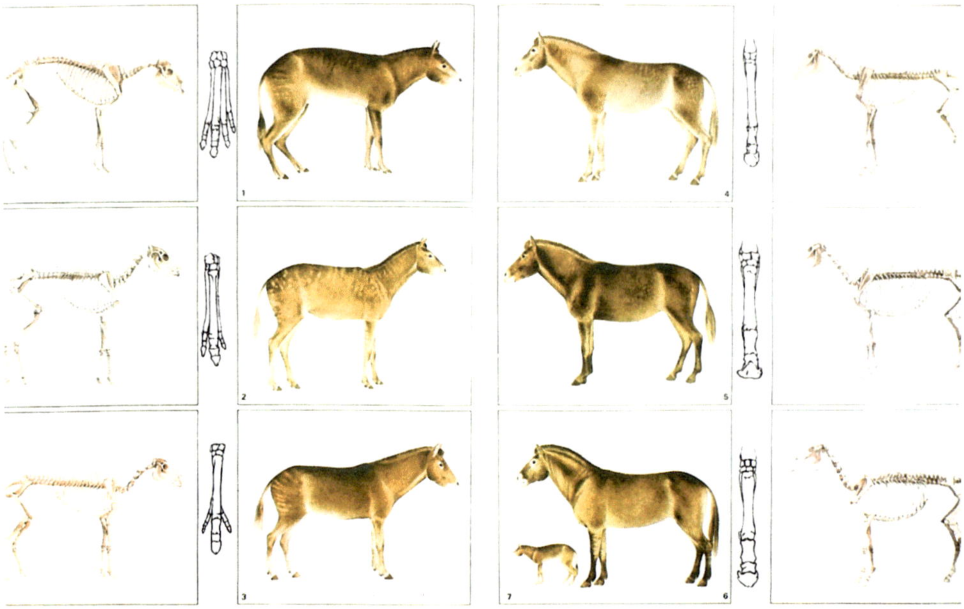

Die Entwicklung des Pferdes vom fuchsgroßen, mehrzehigen Waldbewohner zum einhufigen Equius Caballus.

1.1 Domestikation – vom Wildtier zum Haustier

Vergleichsweise wenig ist dagegen über die Domestikation des Pferdes bekannt. Verschiedene Hinweise wie Schädelfunde mit typischen, durch Gebisse verursachte Abriebspuren an Zähnen und Funde von Steigbügeln und Reiterfiguren lassen aber zumindest eine ungefähre Datierung der beginnenden Nutzung von Pferden als Reit- oder Zugtiere zu. Allerdings lässt sich mit diesen Funden nicht letztendlich belegen, ob sie den Beginn der Domestikation kennzeichnen oder ob es sich bei diesen genutzten Tieren um gezähmte Wildfänge handelt. Zuverlässiger sind vermutlich Aussagen, die aufgrund von genetischen Untersuchungen getroffen werden. So lässt das Auftauchen von Fellfarbmutationen darauf schließen, dass die Domestikation beim Pferd 5000 bis 6000 Jahre vor unserer Zeit begonnen hat. Vermutlich hat die Domestikation auch parallel oder zeitversetzt an verschiedenen Orten eingesetzt. So vermutet man, dass sowohl in Mittel- als auch in Westeuropa sowie um das Schwarze Meer jeweils ein Domestikationszentrum lag.

Domestikation ist ein generationsübergreifender Prozess, bei dem durch die mehr oder weniger gezielte Auswahl von besonders umgänglichen Tieren für die Zucht durch den Menschen die genetische Veranlagung der Tiere verändert wird. Mit dieser Selektion auf Zahmheit gehen neben der verringerten Flucht- und Aggressionsbereitschaft auch typische, körperliche Veränderungen einher. So sind bei domestizierten Tieren im Vergleich zu den entsprechenden Wildtieren ein verringertes Gehirnvolumen, eine Reduzierung des Verdauungstraktes und eine gesteigerte Fortpflanzungsrate zu erkennen – Begleiterscheinungen der durch den Menschen vereinfachten Lebensbedingungen vor allem durch die Bereitstellung von Futter. Typische Effekte sind auch das Auftreten von Neotenie (Beibehalten jugendlicher Körperproportionen und Verhaltensweisen auch im Erwachsenenalter), Hängeohren und das Auftreten von unterschiedlichen Fellfarbvarianten, wozu insbesondere das Auftreten von weißen Abzeichen oder Scheckungen gehört.

Mit der Domestikation entstanden auch unterschiedliche Fellfarben.

Man mag von Glück sprechen, dass das Pferd von den Hängeohren verschont geblieben ist, Fellfarbvarianten und Fellvariationen (z.B. Lockungen, Haarlosigkeit) gibt es jedoch viele verschiedene bei Pferden. Auch wenn das Pferd vor und zu Beginn der Domestikation ähnlich wie andere Nutztiere dem Menschen zunächst als Fell-, Milch-, und Fleischlieferant diente, erkannten die Menschen schnell seinen überragenden Nutzen als Last-, Zug- und Reittier. Über mindestens 4000 Jahre lang war das Pferd für den Menschen das effektivste und schnellste Transportmittel, das ihm einen ganz anderen Lebensstil und eine andere Dimension der Kriegsführung und damit der Machtverteilung ermöglichte.

Über Jahrhunderte diente das Pferd vor allem als Lasten- und Transporttier.

Urprünglichkeit

Da das Pferd entsprechend der Hauptnutzung als Reit- und Lasttier weder intensiv auf typische Nutztiereigenschaften (Milch- oder Fleischproduktion) noch auf typische Haustiereigenschaften (Niedlichkeit, Affinität zum Menschen) hin gezüchtet wurde, ist es seinem ursprünglichen Wildtyp sowohl von der äußeren Erscheinung als auch vom Verhalten her noch vergleichsweise ähnlich und ursprünglich.

Wichtig ist dabei auch zu beachten, dass Verhaltensweisen grundsätzlich nicht komplett durch die Domestikation aus dem Verhaltensrepertoire verloren gehen oder neu dazukommen, sondern dass es nur zu Schwellenwertveränderungen kommt. Das heißt: Nur die Wahrscheinlichkeit, dass ein Verhalten gezeigt wird, und die Intensität, in der sie ausgeübt wird, kann durch Domestikation geändert sein. Daher besitzen auch unsere heutigen, seit etwa 5000 Jahren domestizierten Pferde noch die gleichen, wenn auch leicht schwächer ausgeprägten, für das Überleben der Wildpferde jedoch wichtigen Instinkte, wie beispielsweise eine hohe Fluchtbereitschaft.

Aufgrund der vergleichsweise geringen Änderungen im Verhalten des Hauspferdes gegenüber dem ursprünglichen Wildpferd können Hauspferde auch ohne die Betreuung durch den Menschen in entsprechenden Lebensräumen überleben. Tatsächlich handelt es sich mit Ausnahme der wieder ausgewilderten Przewalski-Pferde in Russland und der Mongolei bei allen wild lebenden Pferden wie zum Beispiel den amerikanischen Mustangs oder den australischen Brumbies um verwilderte Hauspferde und nicht um echte Wildpferde. Da diese Pferde das genetische Potenzial der Hauspferde in sich tragen, sind sie aber entsprechend leichter zu zähmen. Das gilt auch für die „Dülmener Wildpferde", die in ihrem Erscheinungsbild auf den Tarpan, eine ausgestorbene westliche Form des eurasischen Wildpferdes, zurückgezüchtet wurden.

Die Dülmener „Wildpferde" (links) sind keine „echten" Wildpferde, sondern wurden in ihrem Erscheinungsbild auf den Tarpan zurück gezüchtet; Foto unten Przewalski-Pferde.

Entstehung von Pferderassen

Aufgrund unterschiedlicher natürlicher Bedingungen in den Verbreitungsgebieten der Wildpferde (z.B. kalte versus warme Klimaregionen) gab es bereits beim Wildpferd voneinander abweichende Typen. Bedingt durch unterschiedliche Nutzungsschwerpunkte wie zum Beispiel den Bedarf nach eher kräftigen, ruhigen Zugpferden in der Landwirtschaft und wendigeren, schnelleren Pferden als Reitpferd bei der Kriegsführung kam es daher im Laufe der Domestikation zur Ausprägung von vermehrt unterschiedlichen Pferdetypen, was die Rassebildung einleitete. Später kam dann die gesteuerte Auslese (Selektion) durch die Menschen dazu, die gezielt bestimmte Eigenschaften züchterisch bearbeiteten und so die ersten Rassen entstehen ließen.

Diese über Jahrhunderte gesteuerte Selektion hat die heutigen Rassen entstehen lassen, die in ihrer äußeren Erscheinung so auch in ihrem Interieur große, genetisch bedingte Unterschiede aufweisen. Durch Zuchtprogramme mit gezielten Stuten- und Hengstleistungsprüfungen mit Bewertungen von Rittigkeit und Eignung als Spring- oder Dressurpferd sowie ausgefeilten Strategien zur Auswahl der Elterntiere (Selektionsstrategien) läuft dieser Anpassungsprozess heutzutage sogar noch schneller ab. So gelang die Veränderung des Pferdetyps vom schweren Warmblüter nach dem Zweiten Weltkrieg zum leichtrittigen Warmblüter mit höherem Blutanteil durch Einzüchtung von Vollblütern und auch Arabern in wenigen Jahrzehnten.

Sucht man also für eine bestimmte Aufgabe ein geeignetes Pferd, so kann man sich das Training in der Regel deutlich vereinfachen, wenn man ein Pferd einer Rasse wählt, die ohnehin seit Jahrzehnten oder gar Jahrhunderten für diese Aufgabe gezüchtet wurde und

1 Klein, mittel, groß – Pferde werden heute für jeden Geschmack gezüchtet.

2 + 3 Über die Zuchtauslese kann die Veranlagung eines Pferdes für seinen späteren Verwendungszweck beeinflusst werden.

somit genetisch dafür besonders bestimmt ist. Das heißt andererseits aber natürlich nicht, dass nicht grundsätzlich jedes Pferd für jede Aufgabe genutzt und trainiert werden könnte, der es körperlich gewachsen ist. Der Weg kann aber erheblich länger und für Mensch und auch Pferd erheblich beschwerlicher sein, wenn das Pferd aufgrund seiner Veranlagung nicht die optimalen körperlichen und mentalen Voraussetzungen mitbringt.

Prüfungswissen zusammengefasst

- ❑ Der früheste Vorfahr des modernen Pferdes, das Eohippus, lebte vor rund 55 Millionen Jahren als fuchsgroßer Waldbewohner.
- ❑ Die heutige Gattung des Pferdes, das Equus Caballus, entwickelte sich vor etwa zwei Millionen Jahren.
- ❑ Wann genau das Pferd domestiziert wurde und in den Dienst des Menschen trat, ist nicht hundertprozentig geklärt. Die Wissenschaft geht aber davon aus, dass dies etwa vor 5000 Jahren begann.
- ❑ Unter Domestikation versteht man einen vom Menschen über Generationen hinweg kontrollierten genetischen Veränderungsprozess von Wildtieren (oder -pflanzen) hin zu Haus- und Nutztieren.
- ❑ Domestikation führt nicht zum kompletten Verlust oder zur Neuentstehung von Verhaltensweisen, sondern nur zu Veränderungen in ihrer Intensität. Hauspferde ähneln daher noch heute stark ihren wilden Vorfahren im Verhalten.
- ❑ Das moderne Pferd hat sich seine Instinkte bewahrt und ist deshalb in der Lage, in entsprechend passenden Lebensräumen auch ohne die Betreuung des Menschen zu überleben.
- ❑ Mustangs und andere wild lebende Pferde sind ausgewilderte Hauspferde und keine Wildpferde. Mustangs sind daher leicht zu zähmen, weil sie die genetische Veranlagung der Hauspferde tragen. Die einzigen überlebenden Wildpferde sind die Przewalski-Pferde in der Mongolei.
- ❑ Unter Zähmung versteht man die Gewöhnung von Wildtieren an den Menschen.
- ❑ Domestikation ist ein generationsübergreifender Prozess und ist nicht gleichzusetzen mit dem Zähmen eines Wildtiers. Mit dem Zähmen müsste bei jedem neugeborenen Tier erneut begonnen werden, während mit der Domestikation die Erbanlagen so selektiert wurden, dass die Tiere aufgrund ihrer genetischen Veranlagung nachhaltig umgänglicher sind.
- ❑ Bereits unter den Wildpferden entwickelten sich abhängig von Lebensraum und Klima abweichende Typen.
- ❑ Unterschiedliche Nutzungsschwerpunkte (Lastpferde, Arbeitspferde, Reitpferde) gelten als Beginn der Rassebildung.
- ❑ Mit der gesteuerten züchterischen Auslese (Selektion) durch den Menschen entstanden die ersten Pferderassen.
- ❑ Durch moderne Selektionsstrategien in der Pferdezucht ist inzwischen auch die Eignung für bestimmte (sportliche) Verwendungszwecke beeinflussbar.

KAPITEL 2

ETHOLOGIE DES PFERDES

Für viele große Raubtiere war das Pferd von jeher ein Beutetier und hat sich deshalb im Laufe der Evolution in ein schnelles, wendiges und empfindsames Fluchttier entwickelt, das im Herdenverband lebt. Sein gesamtes Verhalten hat sich an das Leben eines Fluchttieres auf einer weiten Steppe angepasst und sich im Grunde bis heute nicht sehr verändert. Um im Zusammenleben von Mensch und Pferd Missverständnisse zu vermeiden, sollte sich der Mensch intensiv mit den natürlichen Verhaltensweisen der Pferde, also ihrer Ethologie, auseinandersetzen. Nur dann wird er verstehen, warum sein Pferd sich in manchen Situationen so und nicht anders verhält, und kann daraus Rückschlüsse und Konsequenzen für sein eigenes Handeln ableiten.

2.1 Pferdeverhalten

2.1.1 Herdentier

So wie alle Wirbeltiere haben auch Pferde im Laufe der Evolution Verhaltensbedürfnisse entwickelt, um ihr Überleben zu sichern. Diese Verhaltensbedürfnisse sind jedoch auf die Lebensbedingungen in freier Wildbahn angepasst. So ist es für den Pflanzenfresser Pferd, dem Krallen und Reißzähne fehlen, in freier Wildbahn überlebenswichtig, den Anschluss zur Herde zu suchen, da das Leben in der Herde mit vielen aufmerksamen Mitgliedern deutlich

Pferde fühlen sich in Gruppen- bzw. Herdenverband am wohlsten.

besseren Schutz vor Fressfeinden bietet statt ein Leben alleine. Eine Herde kann bis zu 400 Tiere groß sein. Sie gliedert sich in Harem und Junggesellengruppen. In menschlicher Obhut werden Pferde in der Regel in Gruppen gehalten, nicht in Herden. Gruppen können aus etwa 20 bis 30 Pferden bestehen, wobei es ab etwa 20 Pferden meist zu einer Aufspaltung in Untergruppen kommt. Auch domestizierte Pferde reagieren im Sozialverband nach wie vor sehr sensibel auf kleinste Verhaltensänderungen ihrer Herden- und Gruppengenossen bei potenziellen Gefahren. Dies kann auch bei täglichen Umgangssituationen dazu führen, dass mehrere Pferde bei einem Schreckreiz auf einmal wegspringen oder gar davonstürmen.

Sozial- und Sexualverhalten

In der Gruppe selbst existieren bestimmte Sozialstrukturen, die den Pferden das Zusammenleben ermöglichen. Jedes Mitglied hat, abhängig von seinem individuellen Charakter, seinem Alter, seinem Selbstbewusstsein, seiner Intelligenz, seiner Erfahrung und nicht zuletzt seinem Geschlecht seinen ganz individuellen Rang im Sozialverband, angefangen vom sozial starken Leittier über den entspannten Mitläufer im mittleren Rang bis zum unsicheren, niederrangigen, unterwürfigen „Schlusslicht".

Im Allgemeinen gibt es eine Art „verteilte Führung", bei dem die ranghohen Stuten am häufigsten leiten, also zum Beispiel die Herde zu Wasser- oder neuen Futterstellen führen. Manchmal können aber auch rangniedere Tiere vorübergehend führen. In kleinen Gruppen (bis etwa neun erwachsene Tiere) ist der Hengst oft das ranghöchste Tier und zuständig für den Zusammenhalt seines Harems, den Schutz vor Konkurrenten (anderen Hengsten) und die Fortpflanzung. In größeren Gruppen nimmt er meist eine etwas niedrigere Rangposition ein (oft im oberen Drittel der Hierarchie der Gruppe). Der Rang selbst ist nicht unumstößlich festgeschrieben, sondern kann sich im Laufe der Zeit durchaus ändern. Die Rangfolge in Pferdegruppen korreliert mit dem Alter und der Zugehörigkeit der jeweiligen Pferde in der Gruppe. Junge Pferde stehen in der Regel niedrig im Rang und steigen mit der Zeit ihrer Anwesenheit in der Gruppe. Der Großteil (80 bis 90 Prozent) der Jungtiere wechseln ihre soziale Gruppe mit der Pubertät. In der Regel fangen sie zunächst in unterster Rangposition in der neuen Gruppe an und arbeiten sich mit jedem weiteren Neuzugang dann langsam hoch. Fohlen nehmen dabei zunächst den Rang ihrer Mutter ein, den sie nach dem Absetzen aber erst selbst verteidigen beziehungsweise verändern müssen.

Da das natürliche Verhalten von Hengsten darauf ausgerichtet ist, ihre Gene weiterzugeben und im Allgemeinen immer nur der Leithengst in einem Harem die Stuten decken darf, ist er immer bestrebt, diese Leitpostion, also seinen hohen Rang, gegenüber Konkurrenten zu behaupten. Heranwachsende Junghengste werden deshalb bei Eintritt der Geschlechtsreife verjagt, im Zweifelsfall als Konkurrenten bekämpft. Solche Hengstkämpfe laufen meist ohne nennenswerte Verletzungen ab, können in Einzelfällen aber auch extrem aggressiv geführt werden und zu schweren Verletzungen oder, das aber höchst selten, sogar zum Tod des Unterlegenen führen.

Die Gruppe bietet Pferden Sicherheit und Schutz.

Über die Rangkämpfe fechten Hengste ihre Rangposition aus. Sie enden meist mit der Flucht des Unterlegenen.

Auswirkungen auf den Umgang

Die Veränderbarkeit der Rangordnung zwischen Pferden muss sich der Mensch im Umgang mit ihnen immer wieder vor Augen führen. Auch wenn er selbst nicht wirklich Herdenmitglied ist, so wird er vom Pferd doch als ein Teil der Herde bzw. Gruppe gesehen und sollte immer als ranghöher akzeptiert werden. So sollten beispielsweise auch Kinder nie allein auf eine Weide mit mehreren Pferden gehen oder allein ein Pferd in Offenstallhaltung aus der Gruppe herausholen, sondern dies immer in Begleitung eines erfahrenen (ranghohen) Erwachsenen tun. Ähnlich der Mutter-Fohlen-Kombination (siehe oben) befindet sich das Kind (bzw. der unerfahrene Erwachsene) dann im Rang seiner Begleitung. Hat es diesen Schutz in der Gruppe nicht, sind gefährliche Zwischenfälle möglich.

Unsicherheiten im Umgang mit dem Pferd können jederzeit zu einer Verschiebung der Rangordnung führen. Übernimmt nun ein von Natur aus eher ranghohes Pferd die Führung, kann dies je nach Charakter des Pferdes zu mehr oder weniger großen Problemen führen. Ähnliches gilt auch für besonders dominante Pferde, zu denen meist auch Hengste gehören. Der Umgang mit Hengsten erfordert deshalb Menschen, die aus Sicht der Pferde ebenfalls einen hohen Rang (ähnlich einer ranghohen Stute) einnehmen und weder verjagt (wie rangniedere Junghengste) noch bekämpft (wie ranggleiche Konkurrenten) werden müssen.

Eine Rangdiskussion zwischen Pferd und Mensch kann an der Hand zu riskanten Situationen führen.

Aber auch die Führungsabgabe des Menschen an ein von Natur aus rangniedriges Pferd ist ungünstig, denn für die Übernahme einer derartigen Verantwortung ist ein solches Pferd nicht gedacht. Zwar übernimmt ein Pferd jederzeit ohne „Bedenken" die Führung, wenn der Mensch sich als schwach darstellt, doch ist dies für den Menschen nicht ganz ungefährlich, da diese Widersprüchlichkeit im Verhalten des Menschen beim Pferd zu Unsicherheit und Ängsten führt. Unsicherheiten des Menschen und Unsicherheiten des Pferdes kommen hier zusammen und können ernst zu nehmende, nicht selten riskante Probleme wie massives Scheuen, Unkontrollierbarkeit oder Panikreaktionen zur Folge haben.
Um im Rang immer „über" dem Pferd zu bleiben, muss der Mensch die Körpersprache des Pferdes kennen und seine eigene Signal- und Körpersprache vor allem im Umgang vom Boden aus optimieren und weiterbilden (SIEHE KAP. 5, S. 86 FF.). Denn das Pferd kommuniziert auch mit seinen Artgenossen in der Hauptsache lautlos und mit kleinsten Körpersignalen. Pferde sind Meister „non-verbaler" Kommunikation, die der Mensch erst erlernen muss.

Mimik und Körpersprache des Pferdes

Die „non-verbale" Kommunikation geschieht über die Mimik und die Körpersprache der Pferde. Für Laien mag ein Pferd über eine sehr eingeschränkte Mimik verfügen, Pferde selbst und erfahrene Pferdekenner dagegen können meist schon auf den ersten Blick die Stimmungslage eines Pferdes erkennen. Gerade für Tiere, die in Sozialverbänden leben, ist die Deutung von Mimik, Laut- und Körpersprache von größter Wichtigkeit. Zum einen ermöglicht sie es ihnen überhaupt erst, mit den anderen Gruppenmitgliedern möglichst stressfrei leben zu können. Zum anderen kann sie lebenswichtig sein, zum Beispiel bei der Deutung einer Aufmerksamkeits- und Alarm-Körperhaltung des Leittieres.

Zur Mimik eines Pferdes gehören die Stellung der Ohren sowie die Haltung/Spannung der Augenlieder und der Nüstern/Lippen.

Ohren	
eher seitlich hängend 	Zeichen von Entspannung
starr nach vorn gerichtet 	Zeichen von Aufmerksamkeit, Neugier, aber eventuell auch Anspannung
ein Ohr vorn, eins hinten 	Zeichen von Aufmerksamkeit (auf Reiter)
flach nach hinten angelegt 	Zeichen von Unzufriedenheit, Stress, Aggressivität

Nüstern/Lippen	
unverändert 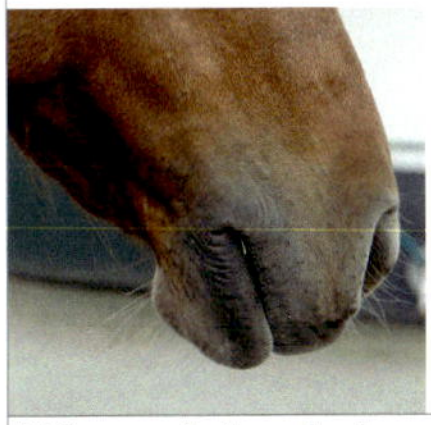	Zeichen von Zufriedenheit
Nüstern kräuselnd gerümpft 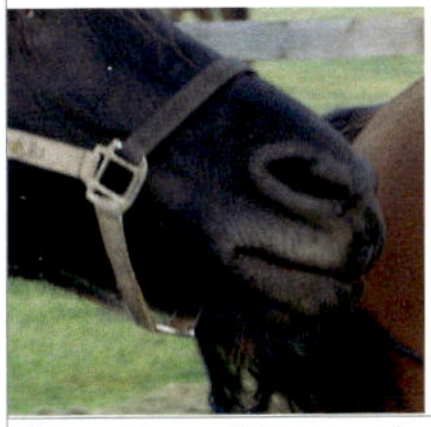	Zeichen für leichte Verärgerung, aber auch für Schmerz/-Unwohlsein
Unterlippe hängend 	Zeichen für totale Entspannung
Oberlippe vorgewölbt 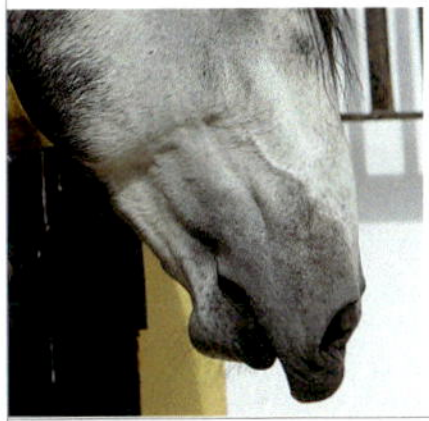	oft Zeichen für „gute Laune", Übermut, Genuss (z.B. beim Kraulen)
Oberlippe hochgestülpt (Flehmen) 	Zeichen für Aufnahme eines interessanten Geruchs (oft bei Hengsten), manchmal auch Schmerzäußerung
Lippen zusammengepresst	oft in Verbindung mit angespanntem Augenausdruck und verkrampftem seitlichem Maul; Zeichen für Schmerz („Schmerzgesicht")
Kaubewegung 	Zeichen von Unsicherheit, Unterwerfung

Augen	
„normal" geöffnet 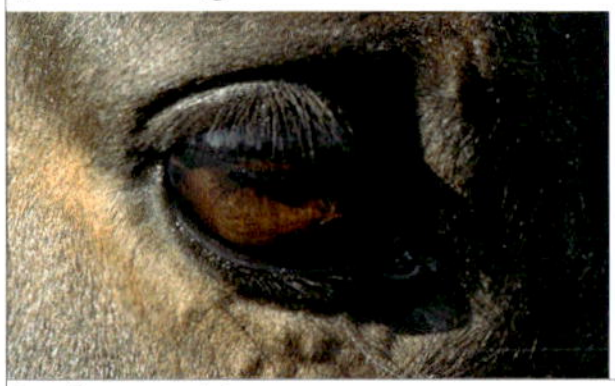	Zeichen von allgemeinem Wohlbefinden
halb geschlossen 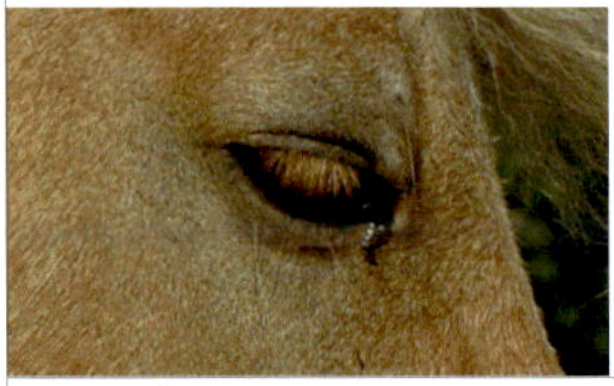	Zeichen von Entspannung, Müdigkeit, Dösen
weit aufgerissen 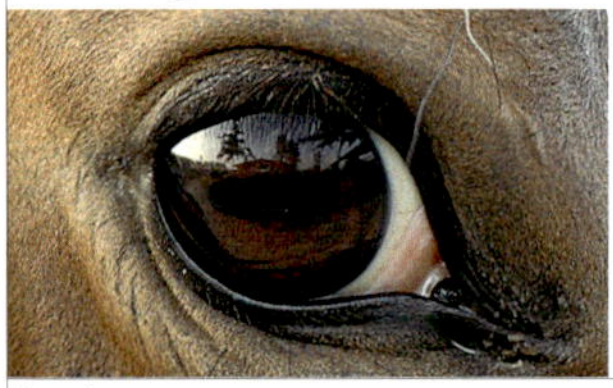	Zeichen von Angst und Aufregung
leicht angespannt 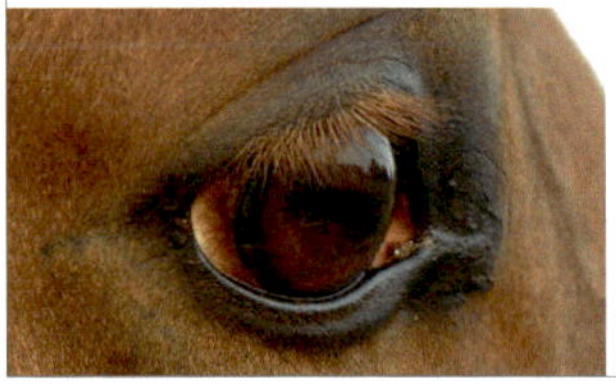	(ähnlich, wenn Menschen die Augenbrauen über der Nase zusammenziehen) Zeichen von Unsicherheit, Unwohlsein, Schmerz

In Sachen Körpersprache sind Pferde wahre Meister der Nuancen. Diese hier alle zu beschreiben ist beinahe unmöglich, die wichtigsten und auffälligsten sollen hier aber dargestellt werden.

Körpersprache	
 Hals hoch aufgerichtet	Zeichen von vermehrter Aufmerksamkeit (evtl. gefolgt von plötzlicher Flucht)
Hals hängend abgesenkt 	Zeichen von Entspannung
 Hals hängend vorgestreckt (in Verbindung mit wechselndem Ohrenspiel)	Zeichen von Neugier
plötzliches Vorschnellen von Hals/Kopf 	Zeichen von Aggression
Wegbeißen	Aufforderung „Geh weg!"
nachlässig angehobenes Hinterbein beim Halten  (Hufspitze ruht auf dem Boden)	Zeichen von Entspannung (das Pferd „ruht")
aktives Anheben eines Hinterbeins im Halten	Drohgebärde („Bleib weg!")
Auskeilen 	Aggressivität, deutliches Zeichen für „Lass mich in Ruhe"

Körpersprache	
Körpersperre	Aktion des ranghöheren Pferdes, um einem rangniederen den Weg zu versperren oder es in eine Richtung zu dirigieren
Schulterdrängeln	Dominanzgebärde
Schweif schlagen	ruhiges Pendeln = Entspannung, hektisches Schlagen = Anspannung, Stress, Verärgerung (im Gegensatz dazu Schweifschlagen zur Abwehr von Fliegen)
kurzes, rasches, einseitiges Schweifschlagen	Warnung vor Ausschlagen
Schweif hoch aufgerichtet 	starke Spannung, Aufregung, Imponiergehabe
Beschnuppern 	Zeichen für Kontaktaufnahme Bei fremden Pferden kann auf das Beschnuppern eine aggressive Reaktion folgen, da die Rangordnung geklärt wird. Es folgt häufig ein Quieken und Ausschlagen mit dem Vorderbein.
 Ansteigen	Dominanz austesten
Fellkraulen (an Widerrist und Kruppe des anderen) 	Zeichen von Wohlbefinden und Freundschaft

Lautsprache des Pferdes

Neben der non-verbalen verfügen Pferde allerdings auch über verbale Kommunikationsmöglichkeiten, die unterschiedliche Bedeutungen haben. Bei der Lautsprache der Pferde unterscheidet man zwischen

Wiehern	(unterschiedlicher „Inhalt" wie Begrüßung, „Hallo, ich bin einsam", „Gleich gibt's Futter", Erkennungsruf zwischen Mutterstute und Fohlen, „Hier komm ich"-Ruf des Hengstes u.Ä.)
„Brummeln"	(verhaltenes, leises Wiehern, steht für: freundliche Annäherung, Wiedererkennungsfreude etc.)
Quieken	(Zeichen von Unwille, z.B. wenn sich zwei fremde Pferde erstmals beschnuppern)
Abgehacktes Wiehern	(beinahe Röcheln – meist bei Hengsten, Zeichen von aufsteigender Spannung im Kontakt bzw. in der Nähe zu anderen Pferden, oft gefolgt von plötzlichem „Hengstverhalten" wie Ansteigen, Angreifen, Beißen)

2.1.2 Fluchttier

Die größte Waffe der Pferde gegen Fressfeinde war durch die Jahrtausende hindurch ihre Schnelligkeit. Fluchtbereitschaft und Fluchtverhalten, im harten Leben auf der Steppe die beste Überlebensstrategie, ist ein Urinstinkt auch des modernen Pferdes und greift in vermeintlich riskanten beziehungsweise irritierenden Situationen im Freilauf, an der Hand oder unter dem Reiter auch heute noch. Als Herdentier achten Pferde auf andere Pferde ihrer Gruppe bzw. ihres Umfeldes. Je nach Pferdetyp und Temperament ist der Fluchtinstinkt

Bei Gefahr reagieren Pferde mit Flucht.

mehr oder weniger ausgeprägt. Zeigt ein Pferd extremes Fluchtverhalten, werden auch die anderen folgen wollen, eine Tatsache, die der Mensch im Umgang mit Pferden beachten muss.

Läuft zum Beispiel ein Pferd auf der Weide plötzlich los, weil es sich vor irgendetwas erschreckt hat, wird der Rest der Gruppe im Allgemeinen (vorsichtshalber) folgen, denn es könnte ja tatsächlich eine Gefahr drohen, die die anderen übersehen oder überhört haben. Ähnliches kann an der Hand (bei der Bodenarbeit in der Gruppe) oder beim Reiten passieren: Ein Pferd scheut und stürmt davon, die anderen versuchen instinktiv zu folgen. Verstärkt wird dieses Verhalten, wenn es sich bei dem fliehenden Pferd um ein ranghohes Pferd handelt, das mit seinem Verhalten den anderen ein Vorbild ist (SIEHE KAP. 4, S. 60 FF.).

Was ein Pferd dabei als Bedrohung empfindet, entzieht sich manchmal dem Verständnis des Menschen. Dabei darf nie vergessen werden, dass Flucht ein natürliches Verhalten des Pferdes und aus dessen Sicht überlebenswichtig ist. Selbst eine Verunsicherung bei fehlerhafter Hilfengebung des Reiters oder Überforderung bei jeglicher Arbeit mit dem Pferd kann einen kurzfristigen Fluchtreflex auslösen. Dieses Verhalten dann zu bestrafen wäre absolut unangemessen und würde die Anspannung und damit die Fluchtbereitschaft des Pferdes sogar noch erhöhen. Stattdessen sollte sich der Mensch bemühen, souverän mit der Situation umzugehen und z.B. einen aus der Fluchtreaktion des Pferdes entstehenden Fehler (fehlerhafte Lektion, unerwünschte Reaktion o.Ä.) möglichst ignorieren und stattdessen die Aufgabe wiederholen und die Anforderung gegebenenfalls etwas herunterschrauben. Auf diese Weise gibt der Mensch dem Pferd Sicherheit und vermittelt ihm damit auch seine eigene Höherrangigkeit.

2.1.3 Steppentier/Lauftier

Ebenso wie Herdenbildung und Fluchtbereitschaft war es für Pferde in der Evolutionsgeschichte sehr wichtig, beständig über bis zu 16 Stunden pro Tag mit Nahrungsaufnahme zu verbringen, um so notfalls auch bei dem kargem Futterangebot der Steppen Reserven für den Winter anzulegen. Auf diese kontinuierliche Nahrungsaufnahme ist der Verdauungsapparat des Pferdes eingerichtet und kann bei falschem Fütterungsmanagement zu gesundheitlichen Schäden kommen. Fresspausen von mehr als 4–8 Stunden ohne jeglichen Zugang zur Weide oder zu Raufutter wie Heu oder Stroh können bereits zu Problemen führen. Vor allem bei leichtfutterigen Pferden und Ponys, die aus gesundheitlichen Gründen Weide und Heu nicht frei zur Verfügung gestellt bekommen können, empfehlen sich Maßnahmen, die die Futteraufnahme verlangsamen (z.B. engmaschige Heuraufen oder gutes Durchmischen von Heu und Stroh).

Aufgrund ihres Nahrungsaufnahme-Verhaltens, das in Freiheit ebenfalls mit täglich bis zu 16 Stunden Bewegung, hauptsächlich im Schritt über viele Kilometer (bis zu 40 Kilometer) verbunden ist, haben Pferde bis heute auch ein großes Bewegungsbedürfnis. Unter modernen Haltungsbedingungen können sie dieses Bedürfnis jedoch meist nicht ausleben. Eine tägliche

Beschäftigung mit dem Pferd, verbunden mit einem umfangreichen Bewegungsangebot – Arbeit an der Hand, Arbeit unter dem Reiter bzw. vor der Kutsche, aber auch Freilauf und Weidegang – ist deshalb an Pferdehalter, insbesondere bei Boxenhaltung, unter dem Gesichtspunkt einer möglichst artgerechten Haltung eine dringende Forderung.

Bei allem Bewegungsbedürfnis benötigen Pferde jedoch auch regelmäßige Ruhephasen über den Tag verteilt. Im Allgemeinen ruhen sie dabei dösend im Stehen, nur zum Schlafen legen sie sich hin. Erwachsene Pferde ruhen innerhalb eines 24-Stunden-Zyklus gesamt rund 7 Stunden, die meiste Zeit (etwa 80 Prozent) davon dösend. Wirklich schlafen tun die meisten Pferde nur die restliche Zeit (20 Prozent).

Bei niedrigen Temperaturen beginnen Pferde einen dichten Winterpelz zu schieben. Je nach Rasse fällt er mehr oder weniger lang aus.

Als Steppentiere sind Pferde auf große Schwankungen zwischen Hitze und Kälte gut eingerichtet, sowohl innerhalb eines Tages- und Nachtrhythmus als auch zwischen Sommer und Winter. Ihre Wohlfühltemperatur liegt dabei etwa zwischen –15 und +25 Grad Celsius (thermoneutrale Zone = Zone, in dem der Energiestoffwechsel nicht geändert wird). Wird es kälter, versucht das Pferd, seinen höheren Energiebedarf durch ein Mehr an Nahrungsaufnahme zu decken. Bei extremer Kälte schieben Pferde außerdem ein langes und dichtes Winterfell, das sie bei ihrer Thermoregulation perfekt unterstützt.

Pferd in Freiheit						
Fressen	**Trinken**	**Bewegung**	**Ruhen/ Schlafen**	**Licht**	**Luft**	**Temperatur**
Beinahe ständig (bis zu 16 Std./Tag) in kleinen Mengen	rund 30 bis 60 l/Tag	bis zu 16 Stunden tgl. (auf Futtersuche)	7–8 Std., 80 % davon dösend, nur 20 % wirklich schlafend	hoher Bedarf an natürlichem Tageslicht	8–16 Atemzüge/min; ein Großpferd atmet in Ruhe 30–70 l Luft pro Minute, im Galopp bis zu 2200 l/min	Gute Hitze- und Kältetoleranz

Klimareize wie Temperaturunterschiede, Regen, Schnee oder Sonnenlicht sind der Gesundheit des Pferdes eher förderlich als schädlich. Pferde frieren auch deutlich weniger, als es sich der Mensch vorstellen kann. Ein übertriebenes Eindecken ist deshalb ebenso überflüssig (außer bei geschorenen Sportpferden) wie ein überstürztes Aufstallen bei Regen oder Schließen aller Stallfenster bei Kälte. Am gesündesten für ein Pferd ist ein Stallklima (Licht, Luft, Temperatur), das dem Außenklima möglichst ähnlich ist und ähnliche Klimareize setzt.

2.2 Verhaltensbedürfnisse

Als Herden-, Flucht- und Steppentier hat das Pferd bis heute Bedürfnisse, die aus seiner genetischen Geschichte und seinen Lebensbedingungen in Freiheit resultieren. Während die Anpassung an diese Lebensbedingungen in der kargen Steppe über Millionen von Jahren über die natürliche Auslese stattgefunden hat, sind Pferde erst seit wenigen Hundert Jahren den modernen Pferdehaltungsbedingungen ausgesetzt, sodass auf genetischer Ebene bisher vergleichsweise wenig Anpassungen an diese Haltungsbedingungen stattgefunden haben. Auch heute braucht die auf Langstreckenbelastung ausgerichtete große Pferdelunge viel Frischluft bzw. Sauerstoff, auch heute noch fühlt sich das Pferd bei genügend Tageslicht am wohlsten. Auch heute noch können sich Pferde hervorragend an ihre Umgebungstemperatur anpassen und auch hohe und niedrige Temperaturen gut vertragen. Und noch immer gehören Fress- und Sozialverhalten neben dem Sexualverhalten zu den wichtigsten Bedürfnissen des Pferdes.

Die Kontaktaufnahme zu Artgenossen ist eines der Grundbedürfnisse der Pferde.

2.2.1 Missverhältnis Haltungsumwelt/natürliches Pferdeverhalten

Da sich moderne Pferde in menschlicher Obhut ihre Nahrung aber nicht mehr entsprechend ihres natürlichen Verhaltens über viele Kilometer suchen müssen, existiert heute bereits über eine Alltäglichkeit wie die Trogfütterung ein überreichliches Angebot an Menge und Energiedichte in ihrer Nahrung und damit verbunden im Allgemeinen auch ein Defizit an Bewegung. Evolutionsgeschichtlich jedoch sind Pferde nicht auf diese Mengen an energiereichem und schnell verfügbarem Futter bei geringen Bewegungsmöglichkeiten eingestellt. Außerdem haben sie ein starkes Bedürfnis, Sozialkontakt zu anderen Pferden zu haben, das nur teilweise durch den Kontakt zu Menschen oder andere Tierarten abgedeckt werden kann. Ein Pferd zeigt daher einen starken Drang, Kontakt zu anderen Pferden aufzunehmen. Wird dies längerfristig unterbunden, kommt es zu starker Frustration, aus der sich schnell Verhaltensauffälligkeiten und auch Verhaltensstörungen entwickeln können. Solche Veränderungen im Verhalten sind ein ernstes Warnzeichen in Bezug auf das Wohlbefinden des Pferdes.

Verhaltensauffälligkeiten

Energiereiches Futter, eher wenig Bewegung und möglicherweise nie oder selten Freilauf und Weidegang in der Gruppe können zu Auffälligkeiten im Verhalten führen, die vom Menschen häufig fälschlicherweise als unbegründete Widersetzlichkeit oder Böswilligkeit eingeordnet und womöglich bestraft werden. Unerwünschtes Verhalten wie Steigen, Bocken, Durchgehen, aber auch Ausschlagen oder Beißen können sowohl die Folge von Unterfor-

Bodenarbeit kann als sinnvolle Beschäftigung das Wohlbefinden von Pferden verbessern.

derung oder grobem bis gewaltorientiertem Umgang durch den Menschen sein als auch von dauerhafter Unterdrückung natürlicher Bedürfnisse des Pferdes. Wird die Haltung optimiert (täglicher Weidegang in der Gruppe, ggf. Offenstallhaltung, ausreichend Bewegung und verbessertes Fütterungsmanagement), verschwinden derartige aus Frustration entstandene Untugenden häufig wie von selbst.

Eine zusätzliche Intensivierung der Beschäftigung mit dem Pferd in Form von Bodenarbeit kann ebenfalls Abhilfe schaffen, da sie dessen angeborene Neugier befriedigt, seine Konzentrationsfähigkeit steigert (SIEHE KAP. 4, S. 63) sowie die Kommunikation zwischen Mensch und Pferd verbessert (SIEHE KAP. 5, S. 86 FF.). Auch Unsicherheiten in der Rangordnung, die sich bei häufig aufgetretenen Verhaltensauffälligkeiten zwischen Mensch und Pferd eingestellt haben mögen, können durch Konsequenz in der Bodenarbeit ohne Einsatz von Gewalt meist wieder korrigiert werden.

Verhaltensstörungen

Problematischer wird es, wenn Pferde unter nicht artgerechter Haltung und unter zusätzlichen Stressfaktoren (Absetzen des Fohlens von der Mutterstute, häufige Stallwechsel, übertrieben häufige Turnierteilnahme u.Ä.) beginnen, monotone, sinnlos erscheinende Verhaltensweisen (Stereotypien) zu zeigen. Das kann beispielsweise damit anfangen, dass strohlos gehaltene Pferde nachts beginnen, Kot in Ermangelung anderer fressbarer Materialien zu fressen, und endet nicht selten in echten Verhaltensstörungen wie den Stereotypien Koppen oder Weben.

Pferdebesitzer tun solches Verhalten gerne schnell damit ab, dass sich das Pferd langweilt. Dabei ist das Problem vielmehr die mangelnde Erfüllung konkreter Verhaltensbedürfnisse, sprich Futteraufnahme, Sozialkontakt und teils auch Bewegung. Mit Spielzeugen, wie sie heute in vielfacher Ausführung angeboten werden, kann einem Pferd deshalb kaum geholfen werden. Spielzeuge helfen nur insofern, dass sie kurzfristig auf Fressbarkeit erkundet werden können. Langfristig bleiben sie für das Pferd nur dann interessant, wenn es immer wieder einmal tatsächlich Futter aus dem Spielzeug aufnehmen kann, wie z.B. bei Gegenständen, die mit Futter gefüllt werden können, das nach und nach herausfällt.

Dem Pferd, das koppt, ist also nicht einfach langweilig, sondern ihm fehlt(e) die Möglichkeit, stundenlanges Fressverhalten wie in der Natur vorgesehen, auszuüben. Eine richtige, sprich über den gesamten Tag verfügbare Erreichbarkeit von Futter muss bereits vor der Entstehung eines solchen Verhaltens gewährleistet sein. Denn: Treten erst stereotype Verhaltensweisen auf, sind sie selbst bei stark verbesserten Haltungsbedingungen in der Regel nicht mehr rückgängig zu machen! So suchen sich Pferde, die einmal angefangen haben zu koppen, selbst bei anschließender ganztägiger Weidehaltung Möglichkeiten wie z.B. Zaunpfähle, um das Verhalten auszuüben. Es gibt sogar Beispiele, bei denen Kopper in Offenstallhaltung einen weiten Weg von der Weide zurücklegen, nur um im Stall eine Gelegenheit zum Koppen zu suchen. Nach einigem Koppen kehren sie anschließend zu ihren Herdengenossen auf der Weide zurück.

Da solche Verhaltensstörungen also irreversibel sind und neben den starken psychischen Belastungen während ihrer Entstehung auch zu schwerwiegenden, gesundheitlichen Problemen führen können (z.B. Koppen: übermäßige Abnutzung der Zähne; Weben und Pacing/gleichförmiges Auf- und Ablaufen auf Paddock oder Weide: Überlastung der Vordergliedmaßen), sollte bereits ihre Entstehung unbedingt, falls noch rechtzeitig eingegriffen werden kann, durch angepasste Haltungsbedingungen unterbunden werden. Einzelhaltung, wie man es immer mal wieder gerade bei kleinen Ponys „am Haus" beobachten kann, ist deshalb auf jeden Fall abzulehnen, selbst wenn dem Pony eine Weide samt Offenstall zur Verfügung steht.

Haben Pferde erst einmal mit einer Verhaltensstörung wie dem Koppen angefangen, zeigen sie diese auch bei optimierter Haltung.

Prüfungswissen zusammengefasst

- ❑ Als Ethologie bezeichnet man die Lehre von den natürlichen Verhaltensweisen der Tiere.
- ❑ Im Laufe der Evolution entwickelten Pferde, so wie alle Wirbeltiere, Verhaltensbedürfnisse, die ihr Überleben sichern.
- ❑ Pferde sind Herden-, Flucht- und Steppen-/Lauftiere.

Herdentier

- ❑ In freier Wildbahn leben Pferde in Herden von bis zu 400 Tieren, die oft in kleinere Untergruppen von bis zu etwa 30 Tieren aufgespalten sind.
- ❑ Pferde reagieren auf kleinste Verhaltensveränderung ihrer Gruppenmitglieder.
- ❑ In der Gruppe existieren bestimmte soziale Strukturen, die das Zusammenleben ermöglichen und beeinflussen.
- ❑ Jedes Tier hat innerhalb der Gruppe einen individuellen Rang inne. Dieser Rang ist nicht unumstößlich festgeschrieben, sondern kann sich abhängig vom Alter der einzelnen Tiere und der Dauer der Gruppenzughörigkeit ändern. Je größer die Dominanz eines Pferdes, desto höher sein Rang. Fohlen werden in den Rang ihrer Mutter geboren, müssen ihn nach dem Absetzen jedoch neu verteidigen bzw. erwerben.
- ❑ Unter Dominanz versteht man, dass ein Lebewesen gegenüber anderen einen höheren sozialen Status einnimmt bzw. durch sein Verhalten einfordert. Dominanzverhalten ist immer zeit- und situationsabhängig. So kann sich zum Beispiel ein Hengst in einem Moment gut an der Hand führen lassen und im nächsten Moment – vielleicht ausgelöst durch das Passieren anderer Pferde – extrem dominant reagieren.
- ❑ Das natürliche Verhalten von Hengsten ist darauf ausgerichtet, die eigenen Gene weiter zu geben. Aus diesem Grund müssen Hengste dominant ihren Rang und Anspruch gegenüber Konkurrenten verteidigen.
- ❑ Da der Mensch in den Augen des Pferdes Teil einer sozialen Gruppe ist, sollte er vom Pferd immer als ranghöher akzeptiert werden. Diesen Rang gilt es, aus Gründen der Sicherheit im Umgang mit Pferden, zu verteidigen bzw. immer wieder neu herzustellen.
- ❑ Um im Rang über dem Pferd zu sein, muss der Mensch die Körpersprache des Pferdes kennen und seine eigene optimieren. Dies gilt vor allem für den Umgang mit dem Pferd vom Boden aus.
- ❑ Die Stimmung eines Pferdes lässt sich an dessen Mimik und an dessen Körpersprache ablesen. Mimikäußerungen sind möglich über die Stellung der Ohren sowie die Haltung bzw. Spannung von Augenlidern, Nüstern und Lippen. Für die Körpersprache setzt das Pferd seinen gesamten Körper ein, hier vor allem Hals, Schulter, Extremitäten und Schweif.
- ❑ Neben der non-verbalen (ohne Stimme) Kommunikation verständigen Pferde sich auch über Laute wie Wiehern, „Brummeln" oder Quieken. Diese Signale werden jedoch seltener eingesetzt als die Körpersprache.

Fluchttier

- ❑ Fluchtbereitschaft und Fluchtverhalten waren über Millionen von Jahren für Pferde die beste Überlebensstrategie gegenüber Fressfeinden.
- ❑ Dieser Urinstinkt ist bis heute im Pferd tief verankert und kann auch in Alltagssituationen, die dem Pferd brenzlig erscheinen, zu plötzlichem Fluchtverhalten (Scheuen, Davonstürmen) führen.
- ❑ Der Herdentrieb des Pferdes, verbunden mit dem Fluchtinstinkt, kann dazu führen, dass ein Pferd mit Scheuen oder Davonstürmen reagiert und die anderen sofort ebenfalls so reagieren.
- ❑ Die Fluchtreaktion eines Pferdes darf nie bestraft werden, weder an der Hand noch unter dem Reiter, da dies die Bereitschaft zur Flucht nur verstärken würde. Sinnvoller ist es, entspannt mit der Situation umzugehen und dem Pferd damit durch Souveränität die eigene Höherrangigkeit zu signalisieren. Dies führt eher dazu, weiteres Fluchtverhalten zu minimieren.

Steppentier/Lauftier

- ❑ Das Verdauungssystem des Pferdes ist auf beständige Nahrungsaufnahme eingerichtet. Besonders Raufutter sollte deshalb ununterbrochen nach Belieben, ad libitum, angeboten werden, um Erkrankungen des Magen- und Darmtraktes zu vermeiden.
- ❑ In freier Wildbahn legen Pferde in der Steppe auf der Suche nach Futter täglich bis zu 40 Kilometer, hauptsächlich im Schritt, zurück. Dabei fressen sie bis zu 15 Stunden am Tag.
- ❑ Aus dem natürlichen Futteraufnahmeverhalten des Pferdes resultiert sein großes Bewegungsbedürfnis. Neben täglicher Arbeit bzw. Beschäftigung mit dem Pferd gehören regelmäßiger Freilauf und Weidegang zur artgerechten Haltung.
- ❑ Die thermoneutrale Zone des Pferdes liegt zwischen -15 und +25 Grad Celsius. Innerhalb dieser Temperaturspanne benötigt das Pferd keine zusätzlichen Mechanismen, seine Thermoregulation (Unabhängigkeit der Körpertemperatur von der Außenwelt) aufrechtzuerhalten.
- ❑ Die natürlichen Verhaltensbedürfnisse des Pferdes haben sich im Laufe seiner Evolution kaum geändert. Eine umfangreiche Anpassung an moderne Haltungsbedingungen auf genetischer Ebene ist nicht festgestellt worden. Das heißt: Auch heute noch brauchen Pferde Sozialkontakte, Freilauf, den Aufenthalt im Freien (Licht, Luft, Klimareize) sowie die Erfüllung ihres Futteraufnahmeverhaltens möglichst ad libitum.
- ❑ Grobe Missachtung der natürlichen Bedürfnisse des Pferdes können zu gesundheitlichen Schädigungen sowie zu Verhaltensauffälligkeiten oder Verhaltensstörungen führen.
- ❑ Das Auftreten von Verhaltensauffälligkeiten wie vermehrte Nervosität, Scheuen, Bocken, Durchgehen oder Schlagen und Beißen kann unter Umständen durch eine Haltungsoptimierung gelöst werden.
- ❑ Verhaltensstörungen dagegen entwickeln sich häufig zu monoton auftretendem und sinnlos erscheinendem Verhalten (Stereotypien) wie zum Beispiel Koppen, Weben oder am Weidezaun auf und ab laufen. Solche Stereotypen sind nicht mehr umkehrbar, auch nicht bei verbesserten Haltungsbedingungen.
- ❑ Verhaltensauffälligkeiten und -störungen entstehen nicht durch Langeweile, sondern durch Fehler in den Haltungsbedingungen. Je mehr der Mensch das Pferd am Ausleben seiner natürlichen Verhaltensbedürfnisse wie Sozialkontakt, Freilauf oder stete Nahrungsaufnahme hindert, desto größer ist die Gefahr, dass derartige Störungen auftreten.

KAPITEL 3

ALLGEMEINE GRUNDLAGEN DER SINNESWAHRNEHMUNG VON PFERDEN

Die feine Sinneswahrnehmung des Steppen- und Fluchttieres Pferd ist dem Menschen seit Jahrhunderten von großem Nutzen. Naturvölker beobachteten in der Vergangenheit und bis heute das Verhalten der Pferde in ihren Korralen und benutzten es als Frühwarnsystem. Wurden die Pferde unruhig, so nahten Feinde oder Raubtiere. Weiterhin sind besonders die Fähigkeiten des Pferdes zur feinsten non-verbalen Kommunikation für die Nutzung als Zug-, Last- und Reittier von großem Vorteil. Pferde lernen optische, taktile oder akustische Signale des Menschen sehr schnell, richten sich nach dem Fokus der menschlichen Aufmerksamkeit und reagieren sensibel auf kaum merkliche, konsequente Hilfengebungen. Vermag der Mensch die Körpersprache des Pferdes zudem richtig zu deuten, so baut sich zwischen ihm und dem Pferd eine Einheit auf, die scheinbar nur durch Gedankenaustausch, in Wirklichkeit aber durch kaum wahrnehmbare Veränderungen kleinster Signale miteinander harmonisiert.

3.1 Visuelle Sinneswahrnehmungen/Sehen

Im Stall, auf der Weide, auf dem Reitplatz und besonders auch im Parcours wird das Pferd mit den verschiedensten Farben konfrontiert. Bunte Decken oder farblich gut abgestimmtes Sattelzubehör, weiß gestrichene Zäune und Stallwände in unterschiedlichstem Dekor – Objekte aller Größen und Formen umgeben das Pferd von heute. Doch was sehen Pferde überhaupt? Erleben sie ihr Umfeld genauso scharf, bunt, klein, groß und dreidimensional wie der Mensch? Und: Welche Auswirkungen hat die seitliche Position der Augen am Kopf des Pferdes?

3.1.1 Anatomische Grundlagen des Sehens

Die Pferdeaugen liegen seitlich links und rechts des Schädels und ermöglichen durch diese Lage ein monokulares Sehfeld, das heißt, die meisten Dinge können zunächst einmal nur mit einem Auge betrachtet werden. Lediglich im Gesichtsfeld vor dem Pferdekopf ist binokulares Sehen (mit beiden Augen) möglich (SIEHE KAP. 3, S. 41). Optische Sinneseindrücke

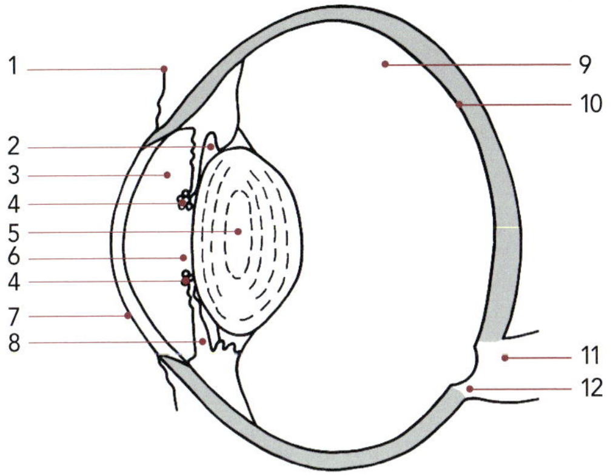

1 Bindehaut
2 hintere Augenkammer
3 vordere Augenkammer
4 Traubenkörner
5 Linse
6 Sehloch, Pupille
7 Hornhaut
8 Regenbogenhaut, Iris
9 Glaskörper
10 Netzhaut
11 Sehnerv
12 blinder Fleck

werden vom Auge aufgenommen. Sie durchdringen die Hornhaut des Auges, die vordere Augenkammer und werden dann von der Linse durch den Glaskörper hindurch auf die Netzhaut projiziert. In der Netzhaut liegen die Enden der optischen Sinneszellen, welche im Sehnerv (Nervus opticus) gebündelt direkt mit dem Gehirn verbunden sind. Die Enden der optischen Sinneszellen weisen Stäbchen und Zapfen auf. Stäbchen sind wichtig für die Helligkeitswahrnehmung und Zapfen dienen der Wahrnehmung verschiedener Farbspektren.

3.1.2 Farben sehen

Die am häufigsten gestellte Frage zur Sehfähigkeit ist wohl, ob Pferde Farben sehen können. Die Antwort lautet: Ja! Allerdings sehen Pferde nicht das ganze Farbspektrum der Menschen, die Sinneszellen (Zapfen) zur Erkennung drei verschiedener Farbspektren besitzen und die restlichen Farben aus diesen Grundfarben mischen. Somit sind Menschen und einige Primaten Trichromaten. Pferde haben jedoch, wie die meisten Säugetiere, nur zwei unterschiedliche Zapfen für die Farbwahrnehmung, einen im Bereich niedriger Wellenlängen (rund um 428 nm Wellenlänge) und einen anderen für mittel bis lange Wellenlängen (Wahrnehmungsspitze bei etwa 539 nm Wellenlänge). Deshalb werden Pferde als Dichromaten bezeichnet, was bedeutet, dass sie nur zwei Farbspektren sehen. Diese Spektralbereiche entsprechen in etwa den Farben Gelb und Blau, eine Erkennung von Rot und Grün verläuft vermutlich anhand der Anteile von Blau und Gelb oder über die Helligkeitsstufen der Farben, wie unten beschrieben.

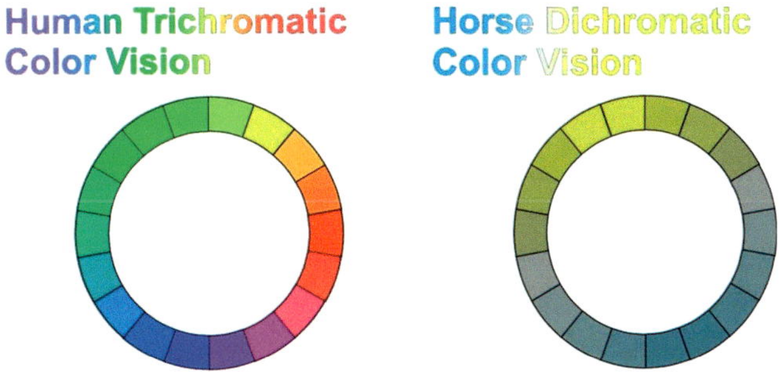

Das Farbspektrum des Pferdes
(nach Caroll et. al. 2007)

3.1.3 Kontrastsehen hell-dunkel

Bei der Farbunterscheidung spielen allerdings auch noch einige andere Faktoren mit hinein, einer davon ist der Helligkeitsunterschied der Farben. Pferde besitzen mehr Stäbchen für die Wahrnehmung von Helligkeit als Menschen, sind somit in der Unterscheidung von Hell-Dunkelkontrasten besonders geschickt und reagieren auf Helligkeitskontraste besonders empfindsam. Jeder Pferdekenner und Reiter hat bestimmt schon erlebt, dass Pferde vor Lichtflecken oder grellen Farbmarkierungen am Boden scheuen.

Im Springsport sowie in den Geschicklichkeitssportarten hat die Farb- und Helligkeitssicht der Pferde wohl die größte Tragweite, denn Pferde erkennen Unterschiede zwischen Blau und Gelb oder auch zwischen Schwarz und Weiß besonders gut und reagieren auch entsprechend stärker darauf als auf Farben, die sich im Helligkeitskontrast nicht so sehr unterscheiden (z.B. Blau-Schwarz oder Gelb-Weiß).

Pferde gewöhnen sich jedoch an vieles, auch an grelle Farben. Wird mit der Stangenarbeit bereits mit jungen Pferden begonnen, setzt ganz automatisch die erste Gewöhnung an Farben und Kontraste ein. Es wird deshalb oft dazu geraten, Jungpferde nicht mit naturfarbenen Stangen zu trainieren. Erstens bleibt die gewünschte Gewöhnung an die grellen Farben für den Turniersport aus und zweitens können Pferde die naturfarbenen Stangen manchmal nur schlecht vom fast gleichfarbigen Untergrund unterscheiden und sich verletzen, wenn sie dagegenschlagen oder darauf treten. Erst später, wenn die Pferde mehr Erfahrung haben, können Naturstangen zum Einsatz kommen.

3.1.4 Sehfähigkeit in der Dunkelheit

Wie schon aus den anatomischen Gegebenheiten des Pferdeauges bzw. an der Vielzahl der Stäbchen in der Netzhaut des Pferdeauges seit Langem gefolgert wird, sehen Pferde in der Dämmerung und im Dunkeln hervorragend. Eine Studie (Evelyn Hanggi, Jerry Ingersoll) aus dem Jahr 2009, bei der alle zur Versuchsgruppe gehörenden Pferde in der Lage waren, sowohl bei Dämmerung als auch bei Dunkelheit sämtliche geometrische Abbildungen zu identifizieren, bestätigt diese Annahme. Außerdem weichen Pferde bei Sichtverhältnissen, in denen der Mensch annähernd nichts mehr sieht, geschickt Hindernissen auf ihrem Weg aus. Dagegen ist die Fähigkeit, Farben im Dunkeln zu erkennen, bei Mensch und Pferd ähnlich und nimmt mit zunehmender Dunkelheit ab. Auch Pferde können bei hellem Mondlicht (bei einer Lichtstärke von 0,2 cd/m²) noch Farben erkennen, aber nicht mehr bei stärkerer Dunkelheit.

Auch bei dämmrigem Licht können Pferde recht gut sehen.

Die Umstellung des Pferdeauges von Dunkelheit auf Helligkeit geht in Sekunden vonstatten, die von Hell auf Dunkel dauert dagegen mit 2–3 Minuten recht lange. Dies sollte der Mensch beim Umgang mit dem Pferd beachten, vor allem wenn er aus gleißendem Sonnenlicht plötzlich in den Schatten (z.B. im Wald oder Stall) wechselt oder einen im Schatten stehenden Sprung anreitet. Mögliche Schreckreaktionen oder Widersetzlichkeiten des Pferdes können ihre Ursache darin haben, dass das Pferd in solchen Momenten schlecht sieht und deshalb unsicher reagiert.

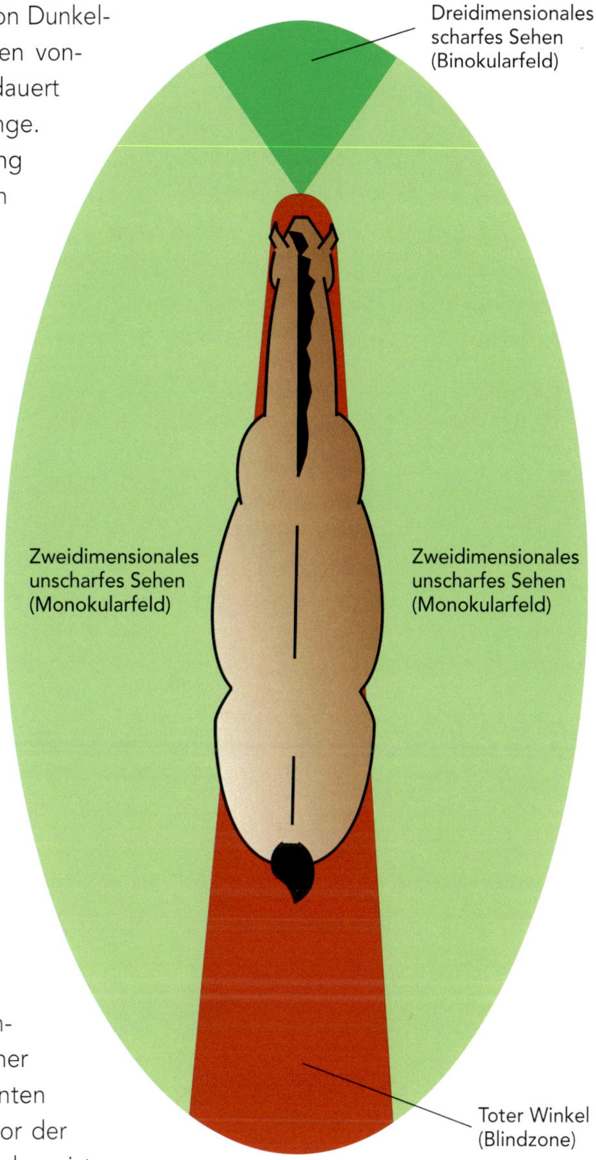

3.1.5 Rundumsicht

Weil die Augen der Pferde mehr seitlich am Kopf liegen, können sie bis auf einen kleinen toten Winkel direkt vor ihrer Stirn und einen minimalen Korridor direkt hinter ihrer Hinterhand hervorragend rundum sehen. Und auch diese zwei kleinen toten Bereiche können Pferde mit Kopf-, Hals- und Augapfelbewegungen leicht ausgleichen. War man früher der Meinung, in Beizäumung könnten Pferde wegen des toten Winkels vor der Stirn direkt vor ihrem Kopf nichts sehen, ist diese Annahme inzwischen widerlegt (Bartoš und Kollegen). Die Beweglichkeit des Augapfels des Pferdes ist demnach groß genug, um das Sichtfeld der Haltung des Kopfes anzupassen. Für die Praxis bedeutet dies, dass auch Pferde, die am Zügel gehen oder stehen, Hindernisse frontal vor ihrem Kopf sehen und taxieren können.

Insgesamt sieht ein Pferd deutlich mehr als sein Reiter (siehe auch „Grundausbildung für Reiter und Pferd, Richtlinien für Reiten und Fahren, Band 1).

3.1.6 Objekte sehen

Wichtig für die Erkennung von Objekten ist anscheinend auch die Platzierung der Objekte, denn die Verteilung der Sinneszellen im Auge ist seit Jahrtausenden den natürlichen Bedürfnissen der Pferde angepasst: Raubtiere lauern meistens am Boden und machen sich durch Bewegungen bemerkbar. Pferdeaugen nehmen schnelle Bewegungen am besten im Augenwinkel wahr, da hier die Dichte der Sinneszellen besonders hoch ist. Außerdem befinden sich im oberen Teil des Augapfels die meisten Zapfen, um somit die auf Bodenhöhe befindlichen Farben am besten unterscheiden zu können. Im unteren Bereich des Auges liegt hinter der Netzhaut eine besondere Zellschicht, das Tapetuum Lucidum, das einfallendes Licht reflektiert und verstärkt. Von oben einfallendes Licht wird dagegen von den oft massiven Traubenkörnen am oberen Rand der Iris der Pferde abgehalten.

Es ist also gar nicht so erstaunlich, dass in wissenschaftlichen Versuchen (Caroll Hall) Pferde besonders gute Farbunterscheidungsfähigkeiten bei Objekten zeigten, die sich direkt am Boden befanden. Schon wenn eine Farbmatte auf etwa 1 m Höhe angebracht war, nahm die Unterscheidungsgenauigkeit jedoch ab. Bunte Farbtafel in mehreren Metern Höhe oder bunte Banner, die sich nicht gerade bewegen, nehmen Pferde deshalb oft gar nicht zur Kenntnis, ebenso wenig Flugzeuge oder Hubschrauber in der Luft. Befinden sich diese Objekte jedoch am Boden, muss der Mensch mit einer möglicherweise heftigen (Flucht-) Reaktion des Pferde rechnen.

3.1.7 Sehschärfe und dreidimensionales Sehen

Auf einem Bereich der Sehfähigkeit sind Pferde den Menschen jedoch eindeutig unterlegen, und das ist die Sehschärfe. Pferde sehen deutlich unschärfer als Menschen. In einem Test zur Reaktion der Pferde auf schmaler werdende Schraffierungen waren Pferde schon bei viel gröberer Schraffierung, als dies bei Menschen der Fall ist, nicht mehr in der Lage, diese zu unterscheiden. An Stelle von Schraffierungen sehen Pferde schon viel früher als Menschen nur noch eine verschwommene graue Fläche.

Für die Praxis bedeutet dies, dass Pferde zum Beispiel dünne Drähte auf der Koppel aus einiger Entfernung nicht eindeutig erkennen können, besonders da ihre Augen außerdem in der Entfernung schlecht einschätzen können (siehe unten). Die meisten Pferde sehen dünne Drähte erst, wenn sie bis auf wenige Meter an diese herangekommen sind Zum Bremsen aus dem vollen Galopp ist diese Distanz aber zu klein. In Bezug auf dünne Elektrozaundrähte merken sich Pferde wahrscheinlich eher den Bereich, in dem sie einen elektrischen Schlag erhalten haben, und meiden diesen in Zukunft.

Die Frage, ob Pferde auch dreidimensional sehen können, kann bejaht werden. Das visuelle Feld der Pferde überlappt sich im frontalen Bereich und lässt dreidimensionales Sehen zu. Gegenstände, die sich seitlich vom Pferd befinden, werden dagegen wegen der Lage der Augen im Pferdekopf mit jeweils nur einem Auge gesehen und erscheinen dem Pferd deshalb nicht räumlich und vermutlich auch nicht scharf. Aus diesem Grund können Pferde sich rechts und links abspielende Geschehnisse oder befindliche Gegenstände zwar sehen, ihre Entfernung aber schlecht einschätzen. Deshalb reagieren sie schon mal mit erhöhter Aufmerksamkeit, Scheuen oder vorsichtshalber sogar Flucht, bevor der Mensch, der nicht über eine derartige Rundumsicht verfügt, die vermeintlich gefährliche Situation überhaupt registriert. Sich direkt vor ihnen befindende Objekte können Pferde dagegen dreidimensional sehen und besser einordnen. Deshalb sollte man dem Pferd sowohl an der Hand als auch unter dem Reiter immer auch die Möglichkeit geben, Unbekanntes näher zu beäugen.

Man sollte dem Pferd immer die Möglichkeit geben, Unbekanntes näher in Augenschein zu nehmen ...

3.1.8 *Erkennung über visuelle Reize*

Ganz sicher erkennen Pferde sich beziehungsweise ihre Spezies auch am äußeren Erscheinungsbild, das hat Prof. Grzimek bereits 1943 mittels lebensgroßer Pferde-Abbildungen nachweisen können. Dabei überraschte besonders, dass die Test-Pferde sogar stark schematisierte Formen erkennen konnten. Aktuelle Studien (Krüger) beweisen darüber hinaus: Pferde verfügen auch über die Fähigkeit, bestimmte andere Pferde ganz individuell zu erkennen und deren Verhalten zu kopieren, vorausgesetzt allerdings, dass diese Pferde der eigenen Gruppe angehören und ranghöher sind. Dies setzt eine Individualerkennung voraus. Wie diese Identifizierung genau vonstatten geht, ist noch nicht vollends geklärt. Es wird aber angenommen, dass Pferde neben eventuellen Geruchsinformationen auch visuelle Informationen sammeln.

■ Konturen

In die visuelle Erkennung spielen vermutlich viele Faktoren mit hinein. Einerseits die Konturen, außerdem Farbe und Bewegungen. Konturen können Pferde offensichtlich stark abstrahieren. Trotzdem scheinen sie eine wichtige Rolle zu spielen. So wird oft beobachtet, dass Hengste oder hengstige Wallache Stuten mit dickem Bauch und voluminöser Kruppe bevorzugen. Dies könnte den Eindruck besonderer Fruchtbarkeit vermitteln. Anderseits bevorzugen Stuten oft Hengste mit hohem Halsaufsatz und starken Hengstgebärden. In der Welt der Biologen ist dies nicht verwunderlich, denn es ist schon lange bekannt, dass viele Tierarten Paarungspartner mit Merkmalen bevorzugen, die ihre Fruchtbarkeit oder Durchsetzungsfähigkeit im Kampf um Futter verdeutlichen. Diese Merkmale nennt man in der Verhaltensforschung „badges of status", also den Zustand eines Status. Und wie schon aus dem Namen klar wird, unterstreichen diese Merkmale eher einen momentanen, auf Dauer jedoch veränderlichen Zustand. Somit sind sie für die Individualerkennung nur mittelmäßig verlässlich. Es erscheint also logisch, dass die äußeren Konturen eher potenziellen Paarungspartner als die Identität der Pferde preisgibt.

Auch Menschen werden von Pferden anscheinend zum Teil an den äußeren Konturen erkannt. In einer etwas anekdotischen Studie an einem Pferd, welches alle Menschen schlug außer seinen Besitzer, zeigte der bekannte Professor Bernhard Grzimek 1949, dass dieses Pferd seinen Besitzer nicht mehr erkannte, wenn er sich mit Hut und Mantel seiner Frau ausstaffierte. Allerdings könnte auch hier der Geruch der Kleidungsstücke wichtige Informationen übermittelt haben.

Farben

Wie im Kapitel zu den visuellen Fähigkeiten beschrieben, sind Pferde Dichromaten im Gegensatz zu Menschenaffen und Menschen, die trichromatisch sehen. Das bedeutet, Pferde können nur zwei Farben genau erkennen, Gelb und Blau. Aus den anderen Farben filtern sie sich die Gelb- und Blauanteile heraus. Farb- und Helligkeitskontraste spielen für Pferde ebenfalls eine wichtige Rolle. Deshalb mag es auch die Erkennung von Pferden untereinander beeinflussen, wenn sie zum Beispiel mit bunten Decken eingedeckt werden. Bunt eingedeckte Pferde werden von ihren Artgenossen manchmal nicht mehr erkannt. Dies würde auch erklären, warum gescheckte Pferde bei Artgenossen, denen Schecken unbekannt sind, manchmal Fluchtreaktionen auslösen.

Pferde gewöhnen sich jedoch an unglaublich viele Dinge und sind dadurch richtige Anpassungsmeister. Auch für die optische Erkennung der Pferde sind Gewohnheiten sehr wichtig. Kennen Pferde andere Artgenossen aller Couleur, so wird sie auch kein stark kontrastreicher Schecke aus der Bahn werfen. Es ist also nur ein wenig Geduld vom Menschen gefragt und schon gewöhnt sich das Pferd ziemlich schnell auch an Pferde mit ungewohntem Aussehen oder an andere Tierarten.

TIPPS FÜR DIE PRAXIS

- *Wenn Pferde etwas besonders gut sehen sollen, ist es ratsam, die Farben Blau und Gelb oder starke Helligkeitskontraste zu nutzen.*
- *An starke Farbkontraste sollten Pferde sowohl auf dem Reitplatz (an der Hand und unter dem Reiter) als auch im Gelände und auf der Weide gewöhnt werden, um ihre Schreckhaftigkeit zu reduzieren.*
- *In der Dämmerung oder im Dunkeln kann der Mensch (beim Ausritt) von der besseren Sehfähigkeit des Pferdes profitieren.*
- *Unbekannte Objekte sollten zur Gewöhnung am Boden platziert werden, dort können Pferde sie besonders gut erkennen.*
- *Ein hohes oder etwas höher hängendes Objekt wird erst dann „gefährlich", wenn es sich plötzlich bewegt. Am besten lässt man das Pferd hinschauen, damit es sich auch daran gewöhnen kann.*
- *Niemals Weide oder Paddock mit dünnem Draht einzäunen, da Pferde diesen nicht gut sehen. Zur optischen Erkennung besser sind Holz, Breitband und/oder zerreißbare Stromlitzen.*

3.2 Hören

Im täglichen Umgang mit dem Pferd wird der Mensch oft von plötzlichen Reaktionen des Vierbeiners überrascht, für die er keine Ursache erkennt. Sind Pferde einfach nervöser als Menschen? Oder hören Pferde sie vielleicht besser – vielleicht sogar in Frequenzbereichen, die dem Mensch nicht zugänglich sind?

3.2.1 Anatomische Grundlagen des Hörens

Für die Aufnahme von Geräuschen dienen dem Pferd die Ohrmuscheln, die wie ein Radar in alle Richtungen beweglich sind und Geräusche ähnlich wie ein Hörtrichter verstärken. Mit den beiden Ohrmuscheln hört das Pferd sozusagen stereo und kann auch leiseste Geräusche genau lokalisieren. Die unabhängige Beweglichkeit der Ohren ermöglicht es, entweder beide Ohren zur Lokalisierung auf ein besonders interessantes Geräusch zu richten oder aber mit je einem Ohr ein getrenntes Geräusch aufzunehmen. So richtet das konzentrierte, aufmerksame Pferd oft ein Ohr in Richtung des Führenden oder des Reiters und eines nach vorne, um gleichzeitig Signale des Menschen und Umgebungsgeräusche aufnehmen zu können.

Die Anatomie des Pferdeohres

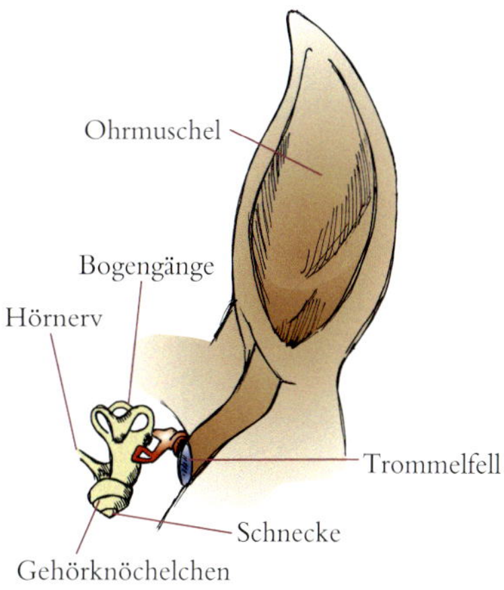

Im Grunde unterscheiden sich die Funktionsmechanismen des Pferdeohrs nicht sehr von denen des Menschen. Auch beim Pferd geht die Ohrmuschel in den äußeren Gehörgang über, der vom Mittelohr durch das Trommelfell getrennt ist. Aufgenommene Geräusche prallen auf das Trommelfell und versetzen es in Schwingung, was wiederum zu einer Bewegung der Gehörknöchelchen (Hammer, Amboss und Steigbügel) im Mittelohr führt. So wird die Schwingung der Geräusche in mechanische Impulse umgesetzt, die schließlich die Hörnerven (Nervus cochlearis oder Nervus acusticus) im Innenohr stimulieren. Man kann also davon ausgehen, dass ein Pferd das, was ein Mensch hört, in ähnlicher Weise wahrnimmt. Allerdings hört es darüber hinaus noch mehr als der Mensch.

3.2.2 Lautstärkeempfinden

Pferde hören leiseste Geräusche und reagieren empfindlich auf plötzliche, laute Geräusche. So hören sie eine Maus im Gras und können sich bei einem Händeklatschen furchtbar erschrecken. Bisher wurde das Lautstärkeempfinden des Pferdes noch nicht gründlich untersucht, jedoch weisen Erfahrungen darauf hin, dass Pferde besonders gut im Lautstärkebereich zwischen 60 dB bis 70 dB hören. Das Fluchttier Pferd reagiert häufig besonders heftig auf Knackgeräusche, die unvermutet hinter ihm zu hören sind – ein Verhalten, das in der Wildnis lebenswichtig sein und auch bei domestizierten Pferden instinktiv ablaufen kann. Im Umgang mit dem Pferd ist deshalb ein ruhiger, mäßig lauter Tonfall angesagt. Sollte ein Pferd verängstigt sein, beruhigt es sich oft, wenn man es mit ruhiger, tiefer Stimme anspricht.

3.2.3 Gehörte Frequenzen

Pferde hören Geräusche im Frequenzbereich zwischen 14 Hz und 38 kHz und damit Laute, die Menschen nicht wahrnehmen. Pferde hören sogar im Infraschallbereich, unter 16 Hz, und im Ultraschallbereich, über 20 kH. Diese Geräuschfrequenzen sind für Menschen, dessen reguläre Frequenzbereiche zwischen 21 Hz und 19 kHz liegen, ebenfalls nicht mehr wahrnehmbar. Sollte sich ein Pferd also einmal plötzlich erschrecken oder eine starke Abneigung gegen ein Objekt oder einen Ort haben, ohne dass die Ursache zu erkennen ist, sollte der Mensch trotzdem Geduld und Verständnis aufbringen. Es ist durchaus möglich, dass das Pferd etwas hört, was der Mensch nicht wahrnimmt.

3.2.4 Erkennung über Laute/Stimme

Seit vielen Jahren ist es bekannt und anerkannt, dass Pferde besonders über weite Distanzen akustisch, sprich mit Wiehern, kommunizieren. Und auch im direkten Kontakt spielen verschiedene Laute (Grunzen, Wiehern, Schnauben) eine große Rolle. Studien haben ergeben, dass Pferde ihre Gruppenmitglieder tatsächlich am Wiehern auseinanderhalten können (Leanne Proops und Kollegen). Dabei wurde Pferden bekanntes Wiehern vorgespielt und es wurden ihnen gleichzeitig dazu passende oder unpassende Pferde präsentiert. Passte das Wiehern zum jeweiligen Pferd, so zeigten die Pferde kaum Reaktionen, doch passte es nicht, so schauten sie lange in die Richtung, in der die Pferde nach der Präsentation verschwanden. Diese Studie (Proops, McComb) wurde inzwischen auch auf die Erkennung von menschlichen Stimmen ausgedehnt, und auch hier gab es eindeutige Hinweise: Pferde erkennen „ihre" Menschen an der Stimme.

3.3 Schmecken

Ganz offensichtlich haben Pferde Vorlieben und auch Abneigungen für ganz unterschiedliche Futtermittel. Was der eine als Leckerli empfindet, spuckt der andere wieder aus. Aber wie kann es sein, dass Pferde sich immer wieder an Giftpflanzen auf der Weide und an giftigen Baumaterialien im Stall vergiften?

3.3.1 Anatomische Grundlagen des Schmeckens

Das Pferd schmeckt wie wir Menschen mit den Geschmacksknospen und den Geschmackspapillen der Zunge. Dies sind Nervenenden, die in der Schleimhaut der Zunge und dem Zungengrund liegen und je nach Lokalisation ganz unterschiedliche Geschmacksqualitäten aufnehmen können. Über die Gesichtsnerven (Nervus facialis) und den Zungen-Rachen-Nerv (Nervus glossopharyngeus) sind sie direkt mit dem Geschmackszentrum im Gehirn verbunden. Dort eingehende Informationen werden mit Informationen aus dem vegetativen Nervensystem (Nervus vagus) zum Nahrungsmittelbedarf des Körpers und mit Gedächtnisleistungen zur Genießbarkeit eines Futtermittels verknüpft. Die Gesamtinformation entscheidet schließlich darüber, ob das Pferd Appetit auf ein bestimmtes Futtermittel verspürt oder es ablehnt.

3.3.2 Geschmack und Gewöhnung

Wilde und verwilderte Pferde ohne Kontakt zum Menschen lehnen vom Menschen hergestellte Futtermittel und Futtermittel, die in ihrem Umfeld nicht vorkommen, in der Regel ab. So nehmen sie keinen Zucker, keine Karotten oder Äpfel und auch kein Pferdezusatzfutter an. Für das wilde Pferd ist das auch wirklich sinnvoll. Normalerweise ist es von Futterpflanzen umgeben, die sich langsam im jahreszeitlichen Wechsel ändern. Eine plötzliche Futterumstellung aber könnte auf die Darmflora des Dickdarms verheerende Wirkung haben. Die Dickdarmbakterien kommen mit plötzlichen Milieuänderungen nicht zurecht und sterben ab, wodurch es zu Verdauungsstörungen und sogar zur innerlichen Vergiftung (Endotoxikation) durch die Zerfallsprodukte der abgestorbenen Dickdarmbakterien kommen kann. In der Folge können Koliken und Hufrehe auftreten. Warum sollte ein wildes oder verwildertes Pferd also das Risiko eingehen und unbekannte Futtermittel fressen, wenn es doch mitten „in der Salatschüssel" steht?

■ Futtergewöhnung und Vergiftungsgefahr

Hauspferde dagegen können ohne Probleme verschiedene Futtersorten sowie Karotten und Co. fressen, denn sie haben sich Schritt für Schritt daran gewöhnt. Natürlich dürfen dem Pferd jedoch keinerlei Nahrungsmittel angeboten werden, die ihm gesundheitlichen Schaden zufügen würden. Im Zweifel deshalb lieber auf eine gut gemeinte Leckerei verzichten! Im natürlichen Umfeld fressen Pferde Dinge, die ihnen nicht guttun, meist nicht. Auch vergiften sich Pferde selten. In der menschlichen Obhut leben sie allerdings nicht mehr natürlich, werden außerdem meist in ganz andere Regionen mit anderen Futterpflanzen gebracht und von allen möglichen unbekannten Stoffen umgeben. In diesem Sinne ist der Pferdehalter gefragt, sein Pferd vernünftig und wenn nötig nur mit allmählichem Futtermittelwechsel zu füttern, Giftpflanzen auf der Weide auszumerzen und giftige Stoffe im Umfeld des Pferdes zu entfernen.

Neueste Studien (Pfister et al.) zeigen, dass man sowohl Vorlieben als auch Abneigungen gegen Futtermittel konditionieren kann. Wenn ein Futtermittel Wohlbefinden auslöst, so wählen Pferde dies auch in der Zukunft. Wenn Pferde gleichzeitig zur Präsentation eines Futtermittels dagegen Medikamente erhalten, die Übelkeit auslösen, dann lehnen sie das Futter in der Folge ab. Manche lehnen ein Futtermittel auch ab, wenn sie sich in der Vergangenheit an einem Futter vergifteten und die Vergiftung überstanden haben.
Die Gewöhnung an Futtermittel reicht als Mechanismus jedoch nicht aus, wenn die einmalige Aufnahme einer Pflanze tödlich ist oder wenn die Wirkung des ungenießbaren Futters erst viel später einsetzt und das Pferd zwischen seinem Unwohlsein und dem Futter keinen Zusammenhang mehr erkennt. Für diese Fälle muss es noch andere Informationsquellen zur Genießbarkeit eines Futtermittels für Pferde geben. Diese Informationsquellen stellen andere Pferde dar. Besonders junge Pferde orientieren sich am Verhalten ihrer Mütter und auch an älteren Gruppenmitgliedern. Sie schauen zu und lernen, welches Futtermittel fressbar und genießbar ist und welches gemieden werden sollte – ein Beweis für die Fähigkeit zum sozialen Lernen (SIEHE KAP. 4, S. 60 FF.)

TIPPS FÜR DIE PRAXIS

- *Pferde in kleinen Portionen an neue Futtermittel gewöhnen, sonst kann es zu Kolikproblemen kommen.*
- *Bei Problemen mit der Akzeptanz von neuen Futtermitteln, Leckereien oder Fütterungsautomaten lässt man sein Pferd am besten zuschauen, wenn ein älteres Gruppenmitglied frisst* (SIEHE AUCH KAP. 4, S. 60).
- *Auch wenn frei lebende Pferde selten Giftpflanzen fressen, sollte der Mensch vorsichtshalber dafür sorgen, dass im Umfeld des Pferdes keine giftigen Planzen und Stoffe zu finden sind. Vor allem domestizierte Pferde, die sich an verschiedene Futtermittel gewöhnt haben, könnten irrtümlich doch mal eine giftige Pflanze fressen.*

3.4 Riechen

Geschmacks- und Geruchssinn hängen eng zusammen. Futter wird vom Pferd nicht nur am Geschmack, sondern auch anhand des Geruchs identifiziert. Besonders gut riechende Futtermittel sind für das Pferd sehr interessant. So identifiziert es beim Grasen schnell stärker riechende, schmackhafte und besonders nährstoff- und vitaminhaltige Kräuter. Auch vom Menschen lässt sich die Qualität von Heu und Silage am besten über den Geruch bestimmen. Kräuterreiches Heu und Silage von guter Qualität sollten würzig, aromatisch und nicht muffig oder gar schimmelig riechen. Über den Geruchssinn nimmt ein Pferd aber auch bedrohliche (Fressfeinde) oder verwirrende, unbekannte Gerüche wahr und reagiert darauf entsprechend mit Flucht oder Verweigerung.

3.4.1 Anatomische Grundlagen des Riechens

Beim Flehmen werden Gerüche besonders gut aufgenommen.

Die äußere Nüster begrenzt das Riechorgan der Pferde. Sie ist paarig ausgebildet, läuft tütenförmig zu und endet am Siebbein. Das Siebbein stellt den Übergang zum Hirnschädel dar. Es ist filigran gebaut, mit zahlreichen Öffnungen, durch die die Riechnerven (der paarige Nervus olfactorius) durchtreten und die Riechinformation zum Gehirn weitertransportieren. Die Nasenschleimhaut der Pferde enthält zahlreiche Endungen der Riechnerven und eine anatomische Besonderheit, das Jakobson'sche Organ oder Vomeronasal Organ. Es ist beim Menschen nur noch in der Embryonalphase angelegt und verkümmert dann, beim Pferd ist es zeitlebens gut ausgeprägt. Das Jakobson'sche Organ dient der Individualerkennung von Artgenossen. Es ist besonders empfindlich für Individualgerüche und individuelle Botenstoffe wie Pheromone (auch Ecto-Hormone genannt). Wenn ein Pferd flehmt kommen Geruchsstoffe besonders gut am Jakobson'schen Organ an. Deshalb flehmen Pferde wenn sie am Kot und Urin anderer Pferde schnüffeln, sie können so die Identität der Produzenten besser erkennen.

3.4.2 Erkennung übers Riechen

Für die Erkennung der Gruppenzugehörigkeit und auch für die Individualerkennung und die Erkennung von bekannten Menschen spielt im direkten Kontakt die Geruchswahrnehmung ganz offensichtlich eine eminent wichtige Rolle. Jeder wird schon beobachtet haben, dass sich Pferde an den Nüstern, in der Flankengegend und im Analbereich beschnuppern. Zusätzlich erregt aber auch der Kot von anderen Pferden oft starkes Interesse. Außerdem markieren Pferde mit Kot und Urin. Besonders Hengste koten und urinieren auf den Kot von anderen, aber auch Stuten und Wallache zeigen manchmal dieses Verhalten.

Oft sieht man an den Grenzen von Weiden oder an Tritt-Kreuzungen regelrechte Kotberge, die offensichtlich Reviergrenzen markieren. Viele Wissenschaftler haben dies schon beschrieben, sodass wohl kein Zweifel mehr darüber besteht, dass Geruchswahrnehmung für die Erkennung wichtig ist. Einige Studien haben dargestellt, dass gleich welchen Geschlechts die Gruppenzugehörigkeit und das Geschlecht von Kotproduzenten erkannt werden können.

Bisher ist jedoch noch nicht geklärt, welche Geruchsstoffe ausschlaggebend für die Individualerkennung sind. Man geht jedoch davon aus, dass eine Vielzahl von flüchtigen und weniger flüchtigen Geruchsstoffen beteiligt sind, einerseits individuelle Körpergerüche (sogenannte „body odours") und anderseits Pheromone, sogenannte individuelle Botenstoffe oder auch „Ecto-Hormone".

TIPPS FÜR DIE PRAXIS

- *Nicht extrem parfümiert beim Umgang mit Pferden auftreten. Stark aufgetragene Parfüms könnte die Erkennung durch das Pferd behindern.*
- *Wenn Pferde in einen Hänger nicht einsteigen wollen, ist es nicht auszuschließen, dass sie die Angst und Unsicherheit eines anderen Pferdes im Hänger riechen können. Deshalb bei Verladeproblemen ein souveränes, entspanntes Pferd zuerst auf den Hänger führen.*

3.5 Fühlen und Tasten

Pferde haben einen sehr ausgeprägten Tastsinn und können trotz ihrer Größe selbst sanfteste Berührungen wahrnehmen. Sehr deutlich wird dies, wenn man die Reaktionen eines Pferdes auf nur eine einzelne Fliege auf seinem Fell beobachtet: Das Pferd bemerkt die leise Berührung der Fliege sofort und je nach Körperstelle wird es versuchen, die Fliege zunächst durch Muskelzittern oder Schweif- oder Kopfschlagen, dann durch Treten oder angedeutetes Beißen zu verscheuchen.

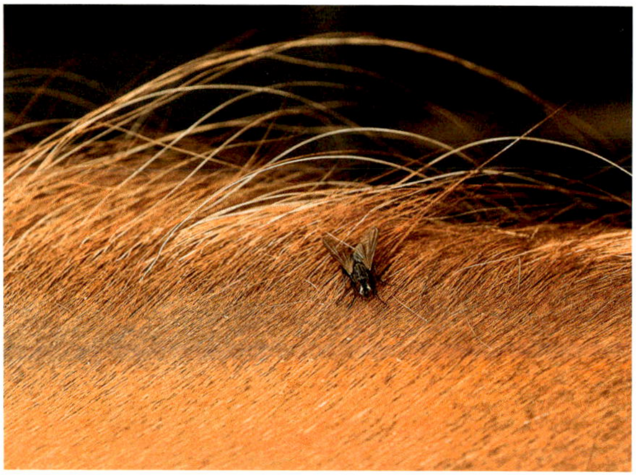

Pferde können eine Fliege auf der Haut spüren und genau lokalisieren.

3.5.1 Anatomische Grundlagen des Tastsinns

Für den Tastsinn sind verschiedene Sinneszellen, die mechanische Kräfte in Nervenerregung wandeln (Mechanorezeptoren), in der Haut zuständig, die je nach Art und Stärke der Einwirkung angeregt werden und entsprechende Signale an das Gehirn weiterleiten. Dort wird der Reiz weiter verarbeitet. Neben den Rezeptoren für leichte und stärkere Berührungen sowie das Erkennen von Form und Härte von Gegenständen gibt es auch verwandte Rezeptoren, die Informationen über Vibration, Hautdehnung, Temperaturempfindungen und Schmerz an das Gehirn weiterleiten. All diese Rezeptoren sind an verschiedenen Körperstellen unterschiedlich dicht verteilt, weshalb das Pferd an manchen Körperregionen empfindlicher auf bestimmte Einwirkungen reagiert als an anderen. Zusätzlich ist die Empfindlichkeit der Rezeptoren nicht gleichbleibend, sondern kann sich im Zuge von physiologischen Veränderungen im Körper (z.B. Temperatur, pH-Wert der Haut, Elektrolyt-Konzentrationen usw.) verändern.

Verletzungen der Haut oder des unterliegenden Gewebes können auch zu dauerhaften Änderungen in der Empfindlichkeit führen, weil mit der Verletzung und Heilung Änderungen in der neuronalen Architektur einhergehen. Diese können beispielsweise dazu führen, dass bereits Berührungsreize durch Schmerzrezeptoren verarbeitet und daher als Schmerz empfunden werden. Dies erklärt, warum Pferde manchmal auch lange nach dem Heilen einer Verletzung sehr empfindlich auf Berührungen in diesem Bereich reagieren können. Auch auf der Ebene der Informationsverarbeitung im Gehirn gibt es zwischen Individuen Unterschiede, die zu unterschiedlichen Empfindlichkeiten führen. Bestimmte Schmerz- und Berührungsrezeptoren leiten die empfangenen Reize auch direkt ohne Umweg über das Gehirn an entsprechende Muskelgruppen weiter und ermöglichen so eine extrem schnelle, reflexartige Reaktion auf solche Reize.

Der Tastsinn der Pferde ist so gut ausgebildet, dass sie sogar die Struktur unterschiedlicher Gräser erfassen können.

Auch beim Fressen dient der fein ausgeprägte Tastsinn dem Pferd dazu, Nahrung von Steinchen und anderen Fremdkörpern akkurat zu trennen. Die langen Tasthaare am Maul des Pferdes liefern dem Pferd wichtige Informationen über die Beschaffenheit seiner Umwelt und schützen das empfindliche Maul vor ungewollten Zusammenstößen, da die Haare über die Berührungsrezeptoren in der Haarwurzel als Abstandswarnung dienen. Das Abrasieren dieser Tasthaare, um dem ästhetischen Empfinden des Menschen Genüge zu tragen, ist daher verboten!

3.5.2 Bedeutung des Tastsinns für die Kommunikation

Der gut ausgeprägte Tastsinn und die Fähigkeit, zwischen räumlich nur minimal getrennten Berührungsreizen zu unterscheiden (z.B. unterschiedliche Reaktionen auf einen am beziehungsweise hinter dem Gurt liegenden Schenkel), ermöglicht es, ein entsprechend trainiertes Pferd tatsächlich mit so feinen Signalen und Hilfen am Boden zu arbeiten oder zu reiten, dass diese Kommunikation für Außenstehende praktisch unsichtbar bleibt. Rezeptoren für leichte Berührungen liegen direkt in den Haarfollikeln, wo sie auf leichteste Bewegung der Haare reagieren. Daher können Pferde trotz ihres dichten Fells sehr feine Berührungen spüren und auch die Berührungen räumlich auf ihrem Körper genau lokalisieren. Auch wenn Pferde untereinander schon mal recht grob miteinander umgehen können, so sind sie auf der anderen Seite aber so sensibel, dass sie feinste Schenkelhilfen oder sanfteste Berührungen mit der Gerte bzw. Peitsche fühlen. Aus diesem Grund wird übrigens beim Gerten- und Peitscheneinsatz auch vom Touchieren – Berühren – und niemals vom Schlagen gesprochen!
Verglichen mit dem Menschen verfügt das Pferd außerdem über ähnliche Empfindlichkeitsschwellen für Berührungen. Dieser Tatsache sollte sich jeder beim Umgang und natürlich auch beim Reiten oder Fahren bewusst sein und jegliche unangebrachte grobe Einwirkung vermeiden. Reagiert ein Pferd auf feine Signale nicht, so ist es nicht körperlich unempfindlich, sondern es versteht das Signal entweder nicht (weil es das Signal noch nicht richtig erlernt

Prüfungswissen zusammengefasst

Sehen

- Pferde sehen wegen der seitlichen Postion ihrer Augen größtenteils einäugig (monokular), nur im Bereich vor dem Kopf beidäugig (binokular).
- Als sogenannte Dichromaten verfügen Pferde im Auge nur über Sinneszellen zur Erkennung von zwei Farbspektren. Im Gegensatz dazu sieht der Mensch drei Farbspektren und gehört damit zu den Trichromaten.
- Die Spektralbereiche des Pferdes entsprechen etwa den Farben Gelb und Blau.
- Im Auge des Pferdes gibt es mehr Stäbchen für die Wahrnehmung von Helligkeit. Somit reagieren Pferde auf Helligkeitskontraste empfindlicher als Menschen.
- Pferde sind Gewohnheitstiere und gewöhnen sich auch an grelle Farbkontraste!
- In der Dämmerung sehen Pferde deutlich besser als Menschen. Die Umstellung des Pferdeauges von Dunkel zu Hell geht in Sekunden vonstatten, die von Hell zu Dunkel kann bis zu 3 Minuten dauern.
- Pferde haben annähernd eine Rundumsicht! Auch ein beigezäumtes Pferd sieht nahezu alles!
- Das Pferdeauge nimmt aufgrund seines Aufbaus bunte Objekte am Boden eher wahr als Objekte in der Höhe.
- Die Sehschärfe von Pferden ist deutlich schlechter als die von Menschen. Dünne Drähte stellen auf der Weide deshalb immer ein potenzielles Verletzungsrisiko dar, weil sie schlecht gesehen werden und zu schlimmen Schnittverletzungen führen können.
- Dreidimensionales Sehen ist für das Pferd im Bereich vor seinem Kopf möglich, seitlich und nach hinten gerichtet sieht es zweidimensional. Deshalb können Pferde die Entfernung sich seitlich befindender Gegenstände oder Situationen schlecht einschätzen und reagieren deshalb häufig mit Fluchtverhalten.
- Pferde erkennen ihre Artgenossen unter anderem anhand ihrer Konturen und ihrer Farbe.

Hören

- Das Pferd hört leise Kommandos sehr gut, sollte es nicht reagieren, kann das Heben der Stimme vermehrte Aufmerksamkeit beim Pferd wecken. Keinesfalls sollte man jedoch dem Pferd ständig laute oder überlaute Kommandos geben oder andauernd reden. Es würde sich an den lauten bzw. steten Tonfall gewöhnen und abstumpfen.
- Der Frequenzbereich, in dem Pferde hören, liegt teilweise außerhalb des Frequenzbereichs des Menschen. Deshalb können Pferde Geräusche hören, die der Mensch nicht wahrnimmt.
- Durch die Stellung und Beweglichkeit ihrer Ohren können Pferde auf große Entfernung und alle Richtungen stereo leiseste Geräusche hören und lokalisieren.
- Pferde erkennen sich auch über Laute wie Wiehern, Brummeln, Quieken oder Schnauben. Auch der Mensch wird über seine Stimme erkannt.

Schmecken und Riechen	
❑	Der Geschmackssinn des Pferdes hat für den Umgang zwischen Mensch und Pferd eher eine untergeordnete Rolle. Wichtiger ist hier das Fressbedürfnis des Pferdes an sich und der damit verbundene Einsatz von Futter als Belohnung.
❑	Über das Riechen prüfen Pferde unter anderem auch die Fressbarkeit von Futter.
❑	Die Anatomie des Geruchssinns der Pferde mit dem gut ausgeprägten Jakobson'schen Organ macht es dem Pferde leicht, Artgenossen und Menschen am Geruch zu erkennen. Flehmen verbessert dabei den Geruchssinnn der Pferde.
❑	Pferde erkennen ihnen bekannte Menschen außer an der Stimme auch an der Bewegung und am Geruch.
❑	Der Gleichgewichtssinn des Pferdes gleicht dem des Menschen. Die Gleichgewichtsorgane von Mensch und Pferd sind sehr ähnlich aufgebaut.
Fühlen/Tasten	
❑	Pferde verfügen über einen ausgeprägten Tastsinn und können sanfteste Berührungen ihrer Haut spüren und genau lokalisieren.
❑	Die langen Tasthaare am Maul liefern dem Pferd wichtige Informationen über die Beschaffenheit seiner Umwelt, helfen ihm, Fremdkörper im Futter zu entdecken, und schützen das Maul vor dem Anstoßen an Gegenständen. Ein Abrasieren oder Abflämmen der Tasthaare ist verboten!
❑	Die Empfindlichkeit der Pferdehaut ermöglicht eine besonders sanfte und feine taktile Signal- und Hilfengebung durch den Menschen.
Gleichgewichtssinn	
❑	Das für die Arbeit mit Pferden wichtige Gleichgewicht ist vom Gleichgewichtssinn abhängig. Das Gleichgewichtsorgan sitzt wie bei allen Säugetieren im Innenohr.
❑	Nervenimpulse aus dem Gleichgewichtsorgan an den Hirnstamm ergeben in Abstimmung mit Informationen des Auges, des Kleinhirns und des Rückenmarks den Gleichgewichtssinn.
❑	Der Gleichgewichtssinn lässt sich durch vielseitige Anforderungen vor allem auf unterschiedlichen Untergründen am besten im Gelände gut fördern.
❑	Bodenarbeit ermöglicht durch die Verknüpfung diverser Schaltstellen im Gehirn des Pferdes eine Verbesserung der Körperwahrnehmung und damit des Gleichgewichts und der Koordination.

KAPITEL 4
WIE PFERDE LERNEN

4.1 Allgemeines zur Lernfähigkeit der Pferde

Lernen spielt eine oft unterschätzte Rolle beim Umgang mit dem Pferd und seiner Ausbildung. Selten macht sich der Mensch klar, dass das Pferd aufgrund seiner im Vergleich zum ihm anders gestalteten Kommunikationswege nur bedingt intuitiv versteht, was er von ihm will, wenn er zum Beispiel am Zügel einwirkt oder es über Stimmhilfen zum Stillstehen auffordert. Tatsächlich muss das Pferd selbst die kleinen Dinge des alltäglichen Umgangs und des Reitens lernen und tut dies mit erstaunlichem Erfolg. Sind Pferde also intelligent? Wie schnell lernen sie überhaupt und wie gut ist ihr Gedächtnis? Die Antworten auf diese Fragen sollten Auswirkungen haben auf Umgang, Erziehung und Training.

4.1.1 Steuerzentrale Gehirn

Die einfachste Möglichkeit der Bestimmung der Intelligenz von Tieren scheint die Vermessung des Gehirns als zentrales Steuerorgan und Ort der rationalen Entscheidungen zu sein. Misst man nun die Größe und das Gewicht des Gehirns im Vergleich zum Körpergewicht, das sogenannte relative Gehirngewicht, so liegt das Pferd mit einem relativen Gehirngewicht von 0,1 Prozent weit hinter dem des Menschen von 2 Prozent zurück. Interessanterweise liegt das relative Gehirngewicht von Spitzmäusen jedoch sogar über dem des Menschen. Die reine Vermessung scheint in Bezug auf die Bestimmung der Intelligenz also nur mäßig aussagekräftig zu sein, denn das Gehirn beinhaltet auch viele Areale, die unbewusste Prozesse steuern, wie etwa Stoffwechselvorgänge und reflexartige Reaktionen. Vielmehr ist die Größe der Großhirnrinde, insbesondere des sogenannten Neocortex (stammesgeschichtlich der jüngste Teil der Großhirnrinde), für die Bestimmung der Intelligenz wichtig. Denn dies ist der Bereich, in dem rationale Entscheidungen getroffen werden und in dem auch das Bewusstsein gesteuert wird. Über die Größe des Neocortex der Pferde fehlen derzeit allerdings noch wissenschaftliche Erkenntnisse.

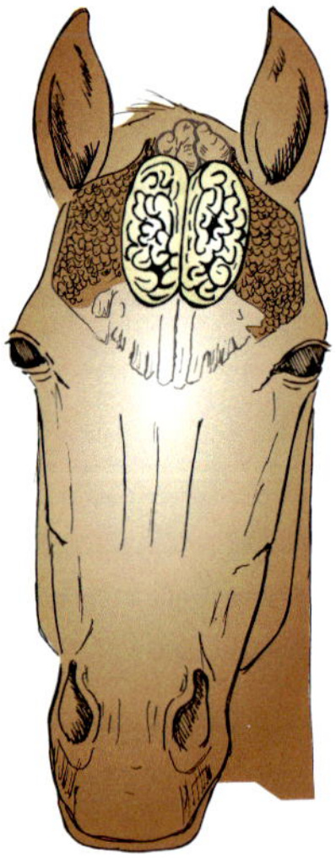
Der Sitz des Gehirns im Schädel des Pferdes

4.1.2 Verhaltensparameter zur Bestimmung der Intelligenz

Neben der Vermessung des Gehirns analysieren Kognitionsforscher Verhaltensparameter, die zunächst ganz allgemein aussagekräftig für die Intelligenz der Tiere sein könnten. Interessanterweise besteht bei den meisten Tieren ein Zusammenhang zwischen dem Grad der Fähigkeiten für individuelles und soziales Lernen, der Komplexität des Gruppenaufbaus ihrer natürlichen Lebensgemeinschaften, der Häufigkeit, mit der sie innovatives Verhalten zeigen, und, soweit bekannt, der Größe des Neocortex. Wie verhält es sich aber mit der Intelligenz der Pferde? Pferde sind dem Menschen in Bezug auf ihre Rationalität eindeutig unterlegen und sie schneiden in sogenannten „abstrakten Kognitionstests", in denen Fähigkeiten, rationale Entscheidungen zu fällen, untersucht werden, häufig schlechter ab als viele andere Tiere wie etwa Hunde, Katzen und Primaten. Auch das Kurzzeitgedächtnis der Pferde ist nicht besonders gut (SIEHE S. 58). Dem Handeln der Pferde kann somit keine komplexe Absicht unterstellt werden.

Pferde täuschen also nicht vor und sind nicht nachtragend. Ihre Reaktionen auf Menschen und Anforderungen im Training sind immer spontan und ehrlich! Sie verfügen nicht, wie in Reiterkreisen gern mal behauptet, über die Fähigkeiten, z.B. Lahmheiten vorzutäuschen, sich für vorangegangene schlechte Behandlung zu „rächen" oder sich beim Erlernen einer neuen Anforderung absichtlich blöd zu stellen.

4.2 Gedächtnis der Pferde

Im täglichen Umgang und im Training ergeben sich oft Zusammenhänge, die sich das Pferd merken soll. Für den Praktiker, also den Reiter, Fahrer oder Pferdehalter, ist es wichtig zu wissen, wie lange sich ein Pferd einen Zusammenhang zwischen zwei Ereignissen, wie zum Beispiel eine gelungene Bodenübung und eine Belohnung derselben, merken kann. Und auch die Beantwortung der Fragen, wie lange Pferde Erlerntes überhaupt behalten oder wie lange sie sich an Menschen, andere Pferde oder ihren Stall erinnern, ist für den täglichen Umgang, die Erziehung und die Ausbildung eines Pferdes von größter Bedeutung.

4.2.1 Informationen speichern

Wie die meisten Säugetiere verfügt das Pferd über ein Kurzzeit- und ein Langzeitgedächtnis. Sinneseindrücke, Erfahrungen oder Erlerntes werden im Kurzzeitgedächtnis abgespeichert. Die gespeicherten Informationen sind sofort wieder zugängig und machen dem Pferd eine schnelle Reaktion auf vorangegangene Erfahrungen oder deren Bewertung möglich. Informationen, die sich als irrelevant herausstellen, werden wieder vergessen. Andere Erinnerungen stellen sich jedoch als wichtig heraus oder lassen sich mit anderen Erfahrungen verknüpfen und werden im Langzeitgedächtnis abgespeichert.

Wichtig für die Speicherung eines erlernten Zusammenhangs, z.B. die Ausführung einer bestimmten Lektion oder Übung, im Langzeitgedächtnis ist die mehrfache Wiederholung der Informationen an mehreren Tagen. Das Gedächtnis des Pferdes unterscheidet sich damit prinzipiell nicht von dem des Menschen oder anderer Tiere. Allerdings bleibt die Frage, ob es auch die gleiche Leistungsfähigkeit zeigt. Und wie lange Informationen im Kurzzeit- und im Langzeitgedächtnis für das Pferd zugängig sind, also wie lange es sich überhaupt erinnern kann.

4.2.2 Kurzzeitgedächtnis

Pferde und auch viele andere Tiere können nur über eine kurze Zeitspanne einen Zusammenhang zwischen zwei aufeinanderfolgende Ereignisse erkennen. Die Aufforderung eines Trainers, sein Pferd für positives Betragen oder richtige Ausführung einer Anforderung sofort zu loben beziehungsweise auf Unarten umgehend zu reagieren, macht also absolut Sinn (SIEHE S. 57). Doch nicht nur der zeitliche Abstand ist maßgebend. Sollte das Pferd zwischen seiner Handlung und der Reaktion des Menschen zusätzlich noch andere Erfahrungen machen oder gar den Ort wechseln, wird es sogar noch schwieriger mit der korrekten Verknüpfung von zwei Sachverhalten.

Denn eins steht fest: Das Kurzzeitgedächtnis der Pferde ist im Vergleich zum Menschen sehr kurz! Straft der Mensch also sein Pferd für Fehler oder Unarten erst später, verliert er damit das Vertrauen seines Pferdes. Die dem Pferd bewusste Situation in der Reithalle oder im Gelände ist schon lange vorbei, außerdem sind inzwischen noch einige andere Dinge passiert. Zusätzlich befindet sich das Pferd in einer anderen Umgebung. Deshalb kommt die verspätete Strafe zum Beispiel am Abspritzplatz oder in der Box für das Pferd völlig überraschend. Es kann keinen Zusammenhang mehr zu seinem vorherigen Verhalten sehen, der Grund für die Bestrafung ist nicht mehr nachvollziehbar. Deshalb müssen Belohnungen – und wenn nötig Strafen – sofort und im gleichen Kontext gegeben werden!

4.2.3 Langzeitgedächtnis

Im Gegensatz zum Kurzzeitgedächtnis ist das Langzeitgedächtnis der Pferde besonders gut. Die Frage, ob Pferde ihre Besitzer, andere Pferde oder ihren Stall nach langjähriger Trennung wiedererkennen, würden Pferdehalter immer mit Ja beantworten. Etliche Fallbeispiele geben ihrem Gefühl recht. So fanden zum Beispiel polnische Araber, die Professor Bernhard Grzimek kurz nach dem Zweiten Weltkrieg viele Kilometer von ihren Heimatställen entfernt ausgesetzt hatte, wieder nach Hause zurück, manchmal auch erst nach mehreren Wochen. Eine fundierte wissenschaftliche Studie zum Thema „Langzeitgedächtnis der Pferde" wurde jedoch erst vor wenigen Jahren veröffentlicht (Evelyn Hanggi). Dabei kam heraus, dass Pferde, die spezielle Lerninhalte bereits sieben, neun und zehn Jahre zuvor verinnerlicht hatten, die erlernten Kategorisierungen und Generalisierungen (z.B. „Wähle das kleine Objekt") ohne erneute Wiederholungen ausführen und sogar auf zuvor unbekannte Objekte übertragen konnten. Pferde erinnern sich tatsächlich sehr lange und sehr präzise. Dies mag damit zusammenhängen, dass zuverlässige Fähigkeiten zur Kategorisierung von Objekten und von Zusammenhängen für das Fluchttier Pferd lebenswichtig sind. In der Natur kann eine falsche Einschätzung von Hinweisen auf ein Raubtier, auf schlechte Bodenbeschaffenheiten oder gefährliche Orte verhängnisvoll sein. Soziale Zusammenhänge haben im Leben der Pferde einen sehr hohen Stellenwert. Pferde müssen sich über lange Zeit an Gruppenmitglieder erinnern können. Deswegen gehen die meisten Forscher von einer sehr guten Gedächtnisleistung der Pferde auch bezüglich sozialer Zusammenhänge aus und vermuten, dass sie sich an Menschen und andere Pferde mindestens genauso gut erinnern können wie an Objekte und deren Kategorisierung.

TIPPS FÜR DIE PRAXIS

- *Belohnung und Strafe müssen immer sofort erfolgen, sonst erkennt das Pferd keinen Zusammenhang mehr zwischen Ursache und Wirkung.*
- *Wiederholung von Lernschritten oft und in kleinen Schritten. Ein Pferd braucht manchmal recht lange, bis sich Erlerntes im Langzeitgedächtnis abspeichert.*
- *Frühere gute Erfahrungen sitzen beim Pferd tief und werden lange nicht vergessen. Ein positives und erfolgreiches Training in jungem Alter hat nachhaltige Wirkung.*
- *Auch schlechte Erfahrungen bleiben lange haften und werden die Beziehung zwischen Mensch und Pferd und etwaige Trainingsinhalte lange beeinflussen.*

4.3 Lernfähigkeit

4.3.1 Individuelles Lernen

Eng verbunden mit den Gedächtnisleistungen ist auch die Lernfähigkeit von Pferden. Ihre Langzeitgedächtnisleistung ist, wie oben beschrieben, ausgesprochen gut und sie zeigen auch gute Fähigkeiten individuell zu lernen. Nach einer erfolgreichen Konditionierung auf Symbole oder Signale verfügen Pferde tatsächlich über die mehr oder weniger ausgeprägte Fähigkeit, Objekte, Signale und Situationen zu kategorisieren, zu klassifizieren und zu generalisieren. Sie können zum Beispiel lernen, dass ein dreieckiges Objekt zur Gruppe der Dreiecke gehört, gleichgültig wie groß es ist und welche Farbe es hat. Pferde konnten in wissenschaftlichen Versuchen sogar das Konzept „wähle immer das kleine Objekt" verstehen. Was bedeutet das für die Praxis? Pferde sind sehr geschickt darin, ein Konzept hinter verschiedenen Signalen zu erkennen. So lernen sie die Signale und Hilfengebung sehr schnell, wenn diese immer die gleiche Bedeutung haben, wie etwa Anheben der Hand für Stopp bei der Freiarbeit im Roundpen oder Schenkeldruck für vermehrte Aktivität der Hinterhand unterm Reiter. Diese Signale können sie schließlich auch auf andere Menschen generalisieren, das heißt, sie lernen, dass z.B. der Schenkeldruck bei allen Menschen die gleiche Bedeutung hat. Pferde generalisieren auch komplette Situationen, deswegen ist es so wichtig, erlernte Lektionen oder das Überwinden von bestimmten Hindernissen erst zu Hause zu trainieren, aber dann auf verschiedenen Turnieren erneut zu üben. Ganz allmählich lernt das Pferd, dass auch in unbekannten Umgebungen die gleiche Leistung auf die gleichen Signale erbracht werden soll.

Signale bzw. Hilfen müssen immer die gleiche Bedeutung haben, damit ein Pferd sie erlernen kann.

TIPPS FÜR DIE PRAXIS

- *Bei der Arbeit mit dem Pferd sollte der Mensch versuchen, wie ein Pferd zu denken! Akzeptiert er, dass das Pferd zwar über eine individuell mehr oder weniger ausgeprägte Lernfähigkeit verfügt, es ihm dafür aber an Intellekt, Rationalität und Einsichtsfähigkeit mangelt, hilft es ihm, fair gegenüber dem Pferd zu bleiben.*

4.3.2 Soziales Lernen

Soziales Lernen bezeichnet die Fähigkeit, von Artgenossen durch Beobachten und Nachahmen zu lernen. Gelernt werden können z.B. die Wahl verschiedener Futterpflanzen, die Vermeidung von Gefahrensituationen, Wege im Stall und auf der Weide und Verhaltensweisen gegenüber anderen Pferden und Menschen. Die Lernenden schauen Artgenossen zu und kopieren ihr Verhalten. Da Pferde bei diversen Studien der 80er- und 90er-Jahre in vielen klassischen, abstrakten Kognitionstests schlecht abschnitten, gingen die meisten Wissenschaftler lange Zeit davon aus, dass Pferde nicht in der Lage wären, von ihren Artgenossen, also sozial, zu lernen. Man hielt Pferde deshalb für eher dumm. Erst kürzlich gelang es, nun auch wissenschaftlich darzustellen, dass Pferde in der Tat sozial lernen und damit alles andere als dumm sind.

Soziale Organisation der Pferde

Aktuelles Wissen über die soziale Struktur und Organisation der Pferde untermauerte schließlich den wissenschaftlichen Verdacht, auch Pferde müssten von ihren Artgenossen lernen. Grundsätzlich geht die Wissenschaft nämlich davon aus, dass Tiere, die in komplizierten sozialen Gesellschaften und in ständig wechselndem Umfeld leben, die Fähigkeit besitzen müssen, sozial zu lernen, um sich schnell und flexibel den geänderten Bedingungen anpassen zu können.

Das Sozialleben von Pferden ist weit komplexer, als man noch vor Jahrzehnten dachte. Pferde leben in sozialen Gruppen mit permanentem Wechsel. Nur die Kerngruppen von natürlichen Pferdegruppen sind wirklich stabil. 80 bis 90 % der Jungpferde wechseln die soziale Gruppe vor der Pubertät und auch erwachsene Stuten wechseln noch mehrfach zwischen einzelnen Gruppen. Von Hengsten wurde beschrieben, dass auch sie mehrfach in ihrem Leben zwischen Harems und Junggesellengruppen wechseln können.

Selbst die Umwelt der Pferde ändert sich ständig. Pferde sind diesbezüglich regelrechte Anpassungspartner. Verwilderte Pferde gibt es in allen Klimazonen der Erde, sie passen sich den jeweiligen Gegebenheiten geschickt an und bilden sofort funktionierende soziale Gruppen. Bei in menschlicher Obhut lebenden Pferden verändert der Mensch ständig die Haltungs- und Trainingsbedingungen. Solange jedoch den Basisbedürfnissen der Pferde für Sozialkontakt, Auslauf und allmählichem Wechsel des Futters Genüge getan wird, können sie als Meister der Anpassung prima mit dem steten Wechsel umgehen.

Soziales Lernen in der Praxis

Auch bei der Bodenarbeit – hier das Überwinden einer unregelmäßigen Stangenreihe – kann das Zuschauenlassen den Pferden helfen, sich mit der Aufgabe vertraut zu machen.

So ist es dann auch nicht so erstaunlich, dass kürzlich sogar der Nachweis gelang, dass Pferde Trainingsverhalten anderer Pferde kopieren. Versuchs-Pferde wurden darauf trainiert, dem Menschen zu folgen. Daraufhin wurde untersucht, ob Pferde, die diesem Training zuschauen konnten, dieses „Folgeverhalten" kopierten. In der Tat folgten sie dem Menschen, aber nur wenn das Versuchs-Pferd ranghöher war und aus derselben sozialen Gruppe stammte. War es dagegen rangnieder oder unbekannt, folgten die „Zuschauer" nicht. In ganz ähnlicher Manier können Pferde von Gruppenmitgliedern lernen, eine Futterkiste zu betätigen, indem sie an einem Strick ziehen. Auch hier lernten es nur junge, rangniedrige und neugierige Pferde von älteren. Pferde haben sogar eine ganz genaue Vorstellung davon, in welcher Rangposition innerhalb ihrer Gruppe sie sich selber befinden, und handeln danach. Eine Studie zeigte eindeutig, dass Pferde ihr Verhalten auch gegenüber dem Menschen nach der beobachteten Reaktion von ranghohen Gruppenmitgliedern ausrichten. Folgt ein ranghohes Gruppenmitglied dem Menschen, so folgen die anderen ebenso, folgt es nicht, dann folgen die anderen auch nicht.

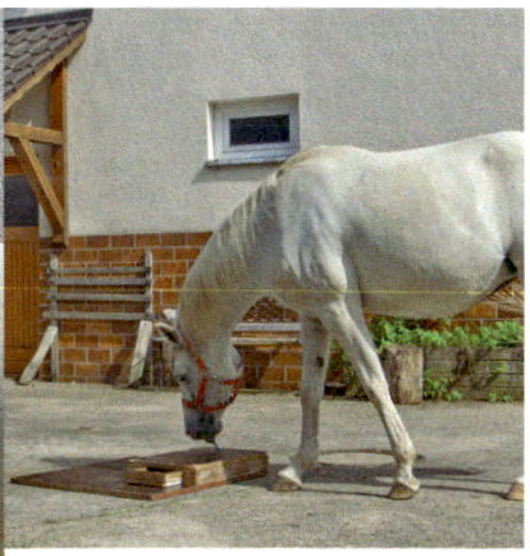

Der Braune (Demonstrator) zieht am Strick einer Futterkiste und öffnet somit eine Schublade mit Futter; der Schimmel (Observator) beobachtet die Technik und kopiert schließlich (nach Krüger et al.).

Was bedeutet das für den Menschen und seinen Umgang mit dem Pferd? Pferde können offensichtlich auch beobachten, wie selbstsicher und bestimmt Menschen auftreten und ob sie andere Pferde beeindrucken können. Da Pferde aber ihre eigene Stärke kennen, werden sie diese und das Verhalten des Menschen oder Reiters in die Waagschale werfen, wenn es darum geht, mit dem Menschen zu kooperieren oder auch nicht. Ein starkes Pferd wird von einem Menschen mit einem schwachen Auftritt sicher nicht oder nur unter größeren Schwierigkeiten dazu gebracht werden können, mit ihm eine brenzlige Situation zu meistern.
In der Praxis der Pferdeausbildung wird soziales Lernen schon lange angewendet. Fahrausbilder nutzen als Lehrpferde für junge Fahrpferde meist ältere, routinierte Pferde, die, daneben eingespannt, dem Youngster die Angst vor der neuen Situation nehmen. Genauso hilfreich ist es, junge Pferde hinter älteren Pferden über die ersten Sprünge oder erstmalig im Gelände gehen zu lassen oder beim Verladen ein bereits erfahrenes, ruhiges Pferd vor den Augen des Verladeneulings zuerst auf den Hänger zu führen. Ganz offensichtlich orientieren sich die Jungpferde an den „alten Hasen". Es wird sogar davon berichtet, dass sich bereits Fohlen das Vertrauen ihrer Mütter zum Menschen abschauen. So ist der Umgang mit Fohlen, die in den ersten Lebensmonaten beobachteten, wie ihre Mütter von Menschen gestriegelt wurden, viel harmonischer und einfacher als mit solchen Fohlen, die eine Pflege ihrer Mütter niemals erlebten. Eine intensive Beschäftigung mit der Mutterstute macht also im Sinne der Fohlenerziehung bereits Sinn.

TIPPS FÜR DIE PRAXIS

- *Beim Umgang mit Pferden in Gruppenhaltung erleichtert es das Handling, sich zuerst den Respekt des ranghöchsten Tieres zu sichern, dann passen sich die rangniederen Pferde problemlos an.*
- *Es ist wünschenswert, junge Pferde in der Gruppenhaltung zusammen mit älteren Pferden aufzuziehen.*
- *Im Training können ältere Pferde als Lehrpferde für junge eingesetzt werden, aber nicht umgekehrt.*
- *Ältere Lehrpferde sind sowohl im Training als auch bei der Gewöhnung an neue Umgebungen, Turniere, Stallgebäude, Hängerfahrten, Futterautomaten, Fahrzeuge auf der Straße, Hunde usw. äußerst hilfreich.*
- *Mit einem jungen Pferd sollten erste Ausritte zunächst nur in Begleitung eines routinierten, ruhigen älteren Pferdes geschehen.*
- *Pferde können sich jedoch auch die Ängste und das Fehlverhalten älterer Pferde „abschauen". Man sollte deshalb Lehrpferde sorgfältig aussuchen.*
- *Echte Stereotypien werden nicht kopiert. Die Ursache für „echte Stereotypien", wie etwa Weben oder Koppen, sind schlechte Haltungsbedingungen* *(SIEHE KAP. 2, S. 34)**. Sollten in einem Stall nacheinander mehrere Pferde Stereotypien zeigen, dann haben sie sich das nicht abgeschaut, sondern sie leiden alle unter denselben schlechten Haltungsbedingungen.*

4.4 Konzentrationsfähigkeit

Nicht ganz unwesentlich für den Trainingserfolg ist die Frage nach der Länge der Konzentrationsfähigkeit der Pferde. Unabhängig davon, wie schnell Pferde lernen und wie lange sie sich Gelerntes merken können, beeinflusst die Konzentrationsfähigkeit, eine der wichtigen Eigenschaften des Leistungsvermögens eines Gehirns, das Lernvermögen der Pferde. Wie beim Menschen ist sie von mehreren Faktoren abhängig:

- Alter
- Gesundheitszustand
- Individuelle Leistungsfähigkeit des Gehirns

Das Leistungsvermögen und somit auch die Konzentrationsfähigkeit ändern sich zum einen mit dem Alter. Am längsten und besten können sich Pferde im Hochleistungsalter zwischen etwa drei und zwölf Jahren konzentrieren. Jüngere Pferde wechseln oft schnell zwischen Aufmerksamkeit sowie Spiel- und Ruheverhalten, ältere Pferde sind generell weniger konzentriert, dösen viel und sind umso schwerer zur Aufmerksamkeit zu motivieren, je älter sie werden. Auch die allgemeine Lernfähigkeit von Pferden ist altersabhängig. Sie lernen, ebenso wie Menschen und viele andere Tiere, besonders leicht im jungen Alter. Etwa bis zu ihrem zwölften Lebensjahr ist es besonders fruchtbar, mit Pferden zu arbeiten. Allerdings sollte man dies mit Bedacht tun, denn Erlerntes in dieser Lebensphase sitzt ein Leben lang – sowohl Falsches als auch Richtiges. Natürlich lernen auch Pferde jenseits des zwölften Lebensjahres noch hinzu, dann aber langsamer als zuvor. Ein konsequenter und bedächtiger Umgang mit dem Pferd ist deshalb sehr wichtig, um nicht am Ende vor Problemen zu stehen, die letztendlich selbst gemacht sind.

Fohlen (oben) und alte Pferde (unten) können sich weniger lange auf eine gestellte Aufgabe konzentrieren als Pferde im mittleren Alter.

Kranke Pferde und besonders solche mit schmerzhaften *Erkrankungen* sind ebenfalls stark in ihrer Konzentrationsfähigkeit gestört. Wer Bodenarbeit also als Beschäftigungstherapie für ein erkranktes Pferd, das längere Zeit nicht geritten werden darf, einsetzt, muss sich darüber im Klaren sein, dass die Erkrankung die Konzentrationsfähigkeit des Pferdes und damit die Aufnahmebereitschaft für Neues möglicherweise negativ beeinflusst, und sein Handeln danach ausrichten. Das heißt, er sollte die Anforderungen und seine Erwartungen nicht zu hoch ansetzen.

Von Pferd zu Pferd können das Konzentrationsvermögen sowie auch die generelle *Leistungsfähigkeit* des Gehirns sehr unterschiedlich sein. Allerdings lässt sich Konzentrationsfähigkeit ausgezeichnet trainieren. Die Konzentrationsspanne von jungen Pferden für Arbeit mit dem Menschen wird auf etwa 10 Minuten geschätzt; sie steigt mit zunehmendem Alter auf etwa rund 20 Minuten und lässt sich durch gezieltes Training auf bis zu ein bis anderthalb Stunden erweitern, wobei in allen Fällen kurze Pausen zwischen den Trainingseinheiten die Konzentrationsfähigkeit effektiv verlängern.

TIPPS FÜR DIE PRAXIS

- *Pferd lernen, ebenso wie Menschen, am besten und nachhaltigsten, wenn zwischen neuen Lerninhalten immer wieder Pausen eingelegt werden. Also zum Beispiel nicht 20-mal hintereinander rückwärtstreten lassen, sondern zwei bis drei Wiederholungen, dann eine kurze Pause bzw. eine andere Übung und dann erst zurück zum Rückwärtstreten. Dies kommt auch der Konzentrationsfähigkeit entgegen.*
- *Gerade Bodenarbeit wird gern genutzt, um einem kranken Pferd Abwechslung zu bieten und es mental zu beschäftigen. Allerdings muss beachtet werden, dass Krankheit und Unwohlsein die Konzentrationsfähigkeit negativ beeinflussen. Auswahl und Intensität der Übungen müssen sich danach richten.*

4.5 Prinzipien des Lernens

Lernen bedeutet, dass die Wahrscheinlichkeit, ein bestimmtes Verhalten oder auch eine physiologische Reaktion auf einen bestimmten Reiz zu zeigen, aufgrund von Erfahrung dauerhaft geändert wird. Diese Definition, die auch für Pferde gilt, deutet darauf hin, dass die Reaktion (ob auf Verhaltensebene oder auf physiologischer Ebene) nicht starr, sondern flexibel ist und auch bezüglich der Qualität und Quantität der Reaktionen von Mal zu Mal unterschiedlich stark ausfallen kann. Auch ist diese Änderung nicht unwiderruflich, da ein Pferd auch umlernen oder vergessen kann. Dennoch sind diese Verhaltensänderungen dauerhafter als Änderungen im Verhalten aufgrund von vorübergehenden Motivationsänderungen, z.B. aufgrund von Hunger oder Müdigkeit.

Man unterscheidet verschiedene Formen des Lernens: Neben der Prägung (Imprinting), die eine Sonderform des Lernens darstellt, sind assoziatives Lernen und nicht-assoziatives Lernen in Bezug auf die Pferdeausbildung die wichtigsten Formen. Lernen durch Einsicht wurde bisher beim Pferd nicht nachgewiesen, Lernen durch Beobachtung und Nachahmung scheint aber unter bestimmten Voraussetzungen in begrenzten Formen möglich und sogar höhere Formen des Lernens wie das Konzeptlernen konnten beim Pferd nachgewiesen werden (SIEHE AUCH S. 59).

4.5.1 Prägung (Imprinting)

Prägung oder auch Imprinting beinhaltet die Ausführung angeborener Verhaltensweisen auf bestimmte Reize. Dabei wird die Verknüpfung durch nicht wieder rückgängig zu machende (irreversible) neuronale Änderungen sichtbar, die nur während einer kurzen Zeitperiode nach der Geburt stattfinden können und dann zeitlebens bestehen. Diese Lernform tritt insbesondere bei Verhaltensweisen auf, die für das Überleben des Jungtieres wichtig sind (z.B. Nachfolgen der Mutter) oder auch für die Erkennung von Geschlechtspartnern.

Beim Pferd spielt, verglichen mit Nesthocker-Tierarten wie z.B. Vögel oder Hunde, die Prägung jedoch eine untergeordnete Rolle. Dennoch beruht die Bindung des Fohlens an die Mutterstute zumindest zum Teil auf Prägung. Wird ein Fohlen von Geburt an nur vom Menschen aufgezogen, ohne Kontakt zu anderen Pferden in den ersten Lebenstagen, kann es zu Fehlprägungen kommen, sodass das Pferd nicht andere Pferde, sondern den Menschen als Artgenossen ansieht. Weil das Pferd arttypische, angeborene Verhaltensweisen wie spielerisches Steigen, Beißen oder Treten dann ungehemmt auf den Menschen anwendet, können diese Fehlprägungen sehr gefährlich werden. Aufgrund der anhaltenden Wirksamkeit des Imprintings gab es zahlreiche Bemühungen, sich diese Lernform durch gezieltes Training am neugeborenen Fohlen zunutze zu machen. Allerdings wird inzwischen davon ausgegangen, dass Imprinting-Mechanismen nur bei ganz bestimmten Aufgaben wie dem Formen der Bindung zur Mutter greifen und nicht auf andere Lernsituationen übertragbar sind. Kritiker des Imprint-Trainings warnen auch, dass die Bindung zwischen Stute und Fohlen nachhaltig durch die intensiven, frühen Eingriffe am Fohlen gestört werden könnte.

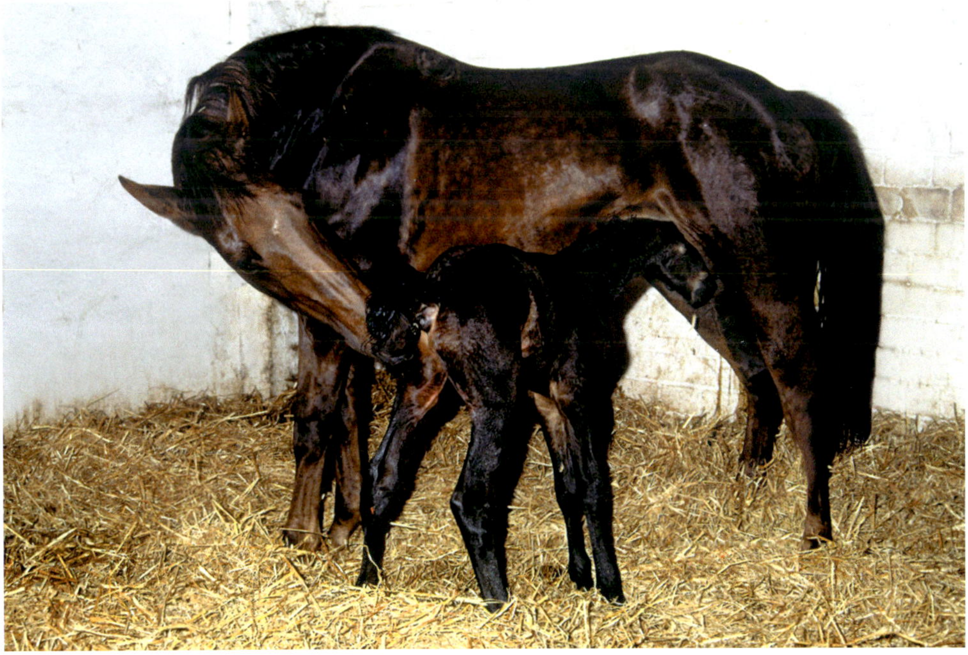

Die Bindung an die Mutter entsteht während der Prägephase und ist für das Fohlen lebenswichtig.

4.5.2 Nicht-assoziatives Lernen

Im Vergleich zum Imprinting spielt das nicht-assoziative Lernen bei der Ausbildung von Pferden eine wichtigere Rolle. Nicht-assoziativ bedeutet, dass das Pferd keine Verknüpfung zwischen verschiedenen Reizen herstellen muss, das heißt, es geht nur um einen einzigen Reiz, an den das Pferd sich entweder gewöhnt (Habituation) oder gegenüber dem es sensibilisiert wird (Sensibilisierung).

■ Gewöhnung (Habituation)

Obwohl der Mensch es sich selten bewusst macht, ist die sogenannte Habituation, also die Gewöhnung, eine besonders wichtige Lernform in der Pferdeausbildung, da das Pferd lernen muss, auf eine Vielzahl an Reizen nicht zu reagieren. So muss es sich daran gewöhnen, ursprünglich Angst auslösende Reize wie laute Geräusche oder heranschießende Hunde zu ignorieren oder auch andere, normalerweise eine Reaktion hervorrufende Reize ohne Reaktion zu erdulden. Hierzu gehört der Druck in bestimmten Körperregionen, wie er beispielsweise durch das Aufhalftern, Trensen oder Auflegen und Angurten des Sattels entsteht. Gewünscht ist, dass das Pferd lernt, auf diese Berührungsreize nicht zu reagieren, auch wenn es normalerweise versuchen würde, einem Druckreiz auszuweichen. Im Falle des Sattelns macht sich diese normale Reaktion häufig beim anfänglichen Satteln und Gurten von jungen Pferden durch Bocksprünge bemerkbar. Erst wenn das Pferd gelernt hat, dass von dem Druck des Sattels kein Schmerz und keine Gefahr ausgeht, wird es ihn ohne Reaktion akzeptieren, es hat sich also an den Druck gewöhnt.

Auch gesattelt und aufgetrenst zu werden erlernt das Pferd über Gewöhnung.

Reagiert ein bereits an Halfter, Trense, Gebiss und Sattel gewöhntes Pferd plötzlich doch mit Abwehr, sollte das für den Pferdehalter immer ein Alarmzeichen dafür sein, dass vielleicht etwas nicht stimmt, das Pferd möglicherweise Unbehagen oder sogar irgendwo Schmerzen empfindet und deshalb unwillig bis widersetzlich reagiert.

Formen der Habituation:

- **Desensibilisierung**
- **Gegenkonditionierung**
- **Reizüberflutung (engl.: „Flooding")**

Desensibilisierung

Geht man besonders behutsam vor, das heißt in kleinen Schritten, die sich über Tage oder sogar Wochen verteilen, kann man die starken Abwehrreaktionen wie das Bocken beim Anreiten junger Pferde, das erhöhte Verletzungsgefahren mit sich bringt, weitestgehend vermeiden. Bei solch schrittweiser Gewöhnung an unbekannte oder Angst auslösende Reize spricht man von *Desensibilisierung*. Sie gilt als effektivste und ungefährlichste Methode der Gewöhnung.

Sämtliche Übungen zur Vorbereitung auf die Gelassenheitsprüfung (GHP) basieren übrigens auf dem Prinzip der Desensibilisierung (siehe Kap. 6, S. 146 ff.).

Gegenkonditionierung und Reizüberflutung

Neben dieser Technik der Habituation gibt es auch die *Gegenkonditionierung* und die *Reizüberflutung* („Flooding"). Diese beiden Methoden bauen teils auf komplexeren Lernformen auf (siehe auch S.., klassische Konditionierung), können aber auch dazu eingesetzt werden, eine Gewöhnung zu erreichen. Bei der Gegenkonditionierung wird das Pferd dem Reiz in voller Intensität ausgesetzt, dieser wird aber mit einem angenehmen Reiz gepaart (z.B. Darreichung von Futter). Bei dieser Methode besteht jedoch die Gefahr, dass das Futter bei unpassender zeitlicher Abstimmung mit der Angst- bzw. Abwehrreaktion als positiver Verstärker wirkt und die unerwünschte Reaktion somit verstärkt statt verringert wird.

Bei der Reizüberflutung wird das Pferd dem Reiz ebenfalls sofort und so lange in voller Intensität ausgesetzt, bis es keine Reaktion mehr zeigt. Neben der erhöhten Verletzungsgefahr und dem starken Stress durch Panikreaktionen kann ein Problem mit dieser Methode sein, dass das Pferd lernt, hilflos zu sein (erlernte Hilflosigkeit) und dieses passive Verhalten auch auf andere Situationen überträgt, in denen eine Reaktion auf ähnliche Reize aber erwünscht ist (z.B. Nicht-Reaktion auf intensive Hilfengebung des Reiters in gefährlichen Situationen). Da die letzten beiden Methoden zum einen gefahrenträchtiger sind und zum anderen in der Regel auch weniger schnell zum Ziel führen, sollte der Desensibilisierung, also der schrittweisen Gewöhnung, stets der Vorzug gegeben werden. Scheut ein Pferd und hat Angst, an einem unbekannten Gegenstand vorbeizugehen, so darf man ihm ruhig kurz Zeit geben, den Gegenstand zu betrachten, bevor man es wieder in Ruhe auffordert, näher zu treten. Auch wenn diese Prozedur mehrmals wiederholt werden muss, führt sie im Allgemeinen schneller und gefahrloser zum Ziel, als wenn versucht wird, das Pferd mit Gewalt vorwärtszubewegen.

Sensibilisierung

Das Gegenteil der Habituation ist die Sensibilisierung. Hierbei lernt das Pferd, auf einen Reiz verstärkt zu reagieren. Dies passiert vor allem mit Reizen, die von sich aus Abwehr hervorrufend (intrinsisch aversiv) sind, weil sie Angst oder Schmerzen verursachen. Bei wiederholter Konfrontation mit solchen Reizen erfolgt dann eine verstärkte Reaktion (z.B. zunehmende Abwehrreaktionen beim Satteln von Pferden mit Satteldruck). **Nicht zu verwechseln** ist diese Form des Lernens mit der Sensibilisierung beim assoziativen Lernen (SIEHE S. 68 FF.), bei der man zur Verfeinerung der Hilfengebung der Hilfe in normaler bzw. höherer Intensität eine feinere, leichtere Hilfe vorschaltet. So lernt das Pferd bereits, die erste, weniger intensive Hilfe zu verstehen, und kann so Schritt für Schritt gegenüber immer feiner werdende Hilfen sensibilisiert werden.

TIPPS FÜR DIE PRAXIS

- *Vermeintlich „niedliches" Verhalten eines Fohlens wie Ansteigen oder Umrennen muss sofort unterbunden werden, sonst drohen später ernsthafte Schwierigkeiten in der Mensch-Pferd-Interaktion.*
- *Je früher die Gewöhnung an Umweltreize beginnt, desto eher lernt das Pferd, entspannt damit umzugehen. Also: Nicht jedes Geräusch oder jeden Gegenstand vom Pferd fernhalten, sondern ihm in sicherer Umgebung „anbieten" (laute Musik in der Reithalle, aufgespannter Regenschirm beim Freilauf, zuknallende Türen, lärmende Traktoren etc.).*
- *Pferdehaltung wie „unter einer Käseglocke", abgeschirmt von Alltagslärm und Schrecksituationen, kann zu großer Schreckhaftigkeit beim Pferd führen. Besser ist es, Pferde an möglichst viele Außenreize zu gewöhnen.*
- *Ähnlich wie beim Trainingsprinzip „vom Leichten zum Schweren" wird auch bei der Desensibilisierung Schritt für Schritt vorgegangen. Zum Beispiel: Regenschirm erst geschlossen halten und zeigen – daran schnuppern lassen –, langsam aufspannen, gegebenenfalls nach der Hälfte wieder schließen, erneut schnuppern lassen – wieder aufspannen, Kontaktaufnahme zulassen. Reagiert das Pferd besonders ängstlich, die Übung mehrfach wiederholen.* ***WICHTIG:*** *Fluchtreaktionen nicht bestrafen!*

4.5.3 Assoziatives Lernen

Wie zuvor angedeutet, beinhaltet das assoziative Lernen, also die Verlinkung von einem zuvor neutralen Stimulus mit einem Reiz sowie einer physiologischen Antwort, also zum Beispiel das Anspannen bestimmter Muskelgruppen bzw. einer Verhaltensantwort, zum Beispiel das Antreten aus dem Halten. Daher nimmt diese Form des Lernens eine überragende Rolle in Bezug auf die Pferdeausbildung ein. Unter diese Form des Lernens fallen sowohl die *klassische Konditionierung* als auch die *operante Konditionierung*.

Klassische Konditionierung

Die klassische Konditionierung wurde zuerst vom russischen Mediziner und Physiologen Iwan Petrowitsch Pawlow (1849–1936) beschrieben. Er entdeckte, dass seine Versuchshunde bereits beim Klingeln einer Glocke, die die nahende Fütterung ankündigte, zu speicheln begannen. Die Hunde hatten also zwischen dem zuvor neutralen Stimulus der Glocke eine Verbindung zur Fütterung hergestellt und zeigten die physiologische Reaktion des Speichelns, die normalerweise mit der Futteraufnahme verknüpft ist, nun bereits beim Ertönen der Glocke. Eine solche Reaktion bezeichnet man auch als bedingten oder konditionierten Reflex

(im Gegensatz zu einem unbedingten, angeborenen Reflex, wie zum Beispiel der Lidschlussreflex).
Auch bei Pferden läuft diese klassische Konditionierung im Alltag ohne geplantes Training ab. So wiehern und scharren Pferde beim Erscheinen von Personen oder Geräuschen, die mit der Fütterung verbunden sind. Sie haben eine Verknüpfung zwischen dem zuvor neutralen Geräusch oder dem Anblick der Person und der kurz darauf erfolgenden Fütterung erstellt und beantworten dies mit entsprechendem Erwartungsverhalten.
In gleicher Form ist auch eine Angstkonditionierung möglich. Sie kann häufig bei der Abneigung von Pferden gegen Tierärzte beobachtet werden. Diese Pferde haben gelernt, dass eine bestimmte Person oder z.B. alle Personen mit grünen Kitteln stets Schmerzen verursachen – sei es durch Impfen, Wund- oder Zahnbehandlungen.

Abgesehen von diesen eher unerwünschten „Nebenprodukten" des Lernens hat die klassische Konditionierung aber auch bei der Pferdeausbildung am Boden und beim Reiten eine große Bedeutung. Die oben angesprochenen Mechanismen zur Verfeinerung von Signalen und Hilfen oder auch zum Beibringen neuer Signale und Hilfen beruhen auf der klassischen Konditionierung. Beim Beibringen/Erlernen eines neuen Signals mit der Hand, beispielsweise zum Anhalten des geführten Pferdes, wird das entsprechende Handzeichen immer vor der bereits bekannten kurzen Einwirkung mit dem Führstrick gegeben, sodass das Pferd das Handzeichen mit dem Stricksignal und dem Halten verknüpft und so lernt, bereits allein auf das Handzeichen hin anzuhalten. Ähnliches passiert auch beim Beibringen/Erlernen neuer Reiterhilfen.

Operante Konditionierung

Bei der operanten Konditionierung ist die Reihenfolge von Verhalten und Reiz umgekehrt gegenüber der klassischen Konditionierung. Das Pferd löst also erst durch ein bestimmtes Verhalten den Reiz selbst aus. Diese Form des Lernens ist auch als Versuch-und-Irrtum-Lernen bekannt und wurde zuerst vom Amerikaner Edward Lee Thorndike (1874–1949) beschrieben. Er beobachtete, wie Katzen, die er in eine Box gesperrt hatte, durch zufällige Berührungen einen Zughebel betätigten, der eine Tür der Box öffnete. So lernten die Katzen, dass ihr Verhalten einen gewünschten Reiz (Freiheit) zur Folge hatte, und wurden von Mal zu Mal schneller und geschickter darin, den Hebel zu betätigen.

Durch zufälliges Herumspielen lernen Pferde z.B. auch Boxentüren zu entriegeln.

Diese Form des Lernens ist auch der Grund, warum Pferdeboxen mit Spezialverriegelungen versehen sind, die sich nicht durch Pferdezähne oder -lippen betätigen lassen: Auch Pferde lernen sonst sehr schnell durch zufälliges Herumspielen am Riegel, dass eine bestimmte Bewegung dazu führt, dass sich die Boxentür öffnet. Da Pferde jedoch nicht zielstrebig in einem neuen Stall den Riegel öffnen, sondern dies erst nach längeren, zufällig wirkenden Handlungen schaffen, gehen Verhaltensforscher derzeit davon aus, dass es dabei sich nicht um Lernen durch Einsicht handelt. Das heißt: Das Pferd hat nicht vorab den Plan, den Riegel zur Seite zu schieben, um freizukommen. Erst wenn es die Konsequenzen seiner zufälligen Handlung erfahren hat, kann es den Zusammenhang zwischen seinem Verhalten und dem Reiz herstellen.

Die Wissenschaft macht sich diese Form des Lernens zunutze, um zum Beispiel das Bedürfnis von Pferden nach Beleuchtung im Stall oder Vorlieben für Bewegungsart und -intensität zu untersuchen. Aber auch bei der Pferdeausbildung spielen Formen der operanten Konditionierung eine Rolle. Wird dem Pferd ein neues Signal oder eine neue Hilfe gegeben (z.B. vom Boden aus Touchieren des hinteren Rumpfes mit der Gerte oder vom Sattel aus seitwärtstreibende Schenkelhilfe zur Einleitung eines Seitenganges), wird das Pferd zunächst verschiedene Verhaltensweisen anbieten, bis es zumindest ansatzweise eine Bewegung in der gewünschten Form ausführt (seitwärtstreten). Wird der Druck (die Einwirkung) unmittelbar auf diese gewünschte Verhaltensantwort – aber auch erst dann und nicht vorher – entfernt, lernt das Pferd so, durch sein Verhalten ein bestimmtes Ziel zu erreichen (die Berührung durch die Gerte bzw. den Schenkeldruck zu verringern). Dies erfordert vom Menschen bei der Ausbildung des Pferdes am Boden, aber auch vom Sattel aus ein sehr gutes Gefühl für das richtige Timing.

TIPPS FÜR DIE PRAXIS

- *Da Pferde einmal Gelerntes nicht so schnell wieder vergessen, sollte der Mensch immer sehr sorgsam auch sein eigenes Verhalten hinterfragen. Wer heute „ausnahmsweise" das „Schubbeln" am Menschen erlaubt und möglicherweise dazu noch ein Leckerchen gibt, darf sich nicht wundern, wenn das Pferd sich auch schubbeln möchte, wenn der Mensch saubere Turnier- oder Ausgehkleidung trägt. Tierisches Lernen und Verhalten kennt keine Ausnahmen!*
- *Über klassische Konditionierung lernen Pferde schnell auch Dinge, die vom Menschen nicht gewünscht sind (z.B. Futterbetteln). Deshalb muss der Mensch möglichst vermeiden, auf bestimmte Verhaltensweisen des Pferdes (z.B. Erwartungshaltung in Form von Scharren) einzugehen. Gibt er in solchen Situationen Futter, verstärkt er das Betteln/Scharren, das ihm später vermutlich auf die Nerven geht.*

ZUM WEITERLESEN FÜR DIE REITERLICHE PRAXIS

Diese Ausgabe der **„Grundausbildung für Reiter und Pferd“** wurde unter Einbeziehung der bewährten Grundsätze der klassischen Reitlehre sowohl sprachlich als auch inhaltlich komplett neu überarbeitet. Die Beachtung dieser überlieferten Grundsätze führt zu einer artgerechten Ausbildung des Pferdes und somit zu dessen Gesunderhaltung und Leistungsfähigkeit.

Als Grundlage für die Kommunikation und das Verständnis zwischen Pferd und Reiter ist deshalb vor allem die Natur des Pferdes und das natürliche Verhalten ausführlich dargestellt. Aktuelle wissenschaftliche Erkenntnisse aus der Trainings- und Bewegungslehre sind sowohl in die Ausbildung des Reiters als auch in die des Pferdes eingeflossen.

Die Richtlinien geben lernenden Pferdefreunden vielfältige praxisnahe Hilfestellungen. Dabei ist es unerheblich, ob der Leser sich für einen harmonischen Umgang mit dem Pferd oder für breitensportliches Reiten interessiert, ob er an Ausritten oder Reitjagden teilnehmen oder die Grundausbildung für den Dressur-, Spring- oder Vielseitigkeitssport vertiefen möchte.

www.fnverlag.de

Prüfungswissen zusammengefasst

Soziales Lernen

- ❑ Pferde fällen keine rationalen Entscheidungen, ihrem Handeln kann keine komplexe Absicht unterstellt werden. Pferde täuschen deshalb nicht vor und sind nicht nachtragend. Ihre Reaktionen auf Menschen und Anforderungen im Training sind immer spontan und ehrlich.
- ❑ Pferde können individuell lernen und sind in der Lage, Konzepte hinter gleichbleibenden Signalen und Hilfen zu erkennen, sie sich zu merken und zu generalisieren. Dadurch ist es möglich, dass ein Pferd von unterschiedlichen Menschen gearbeitet wird.
- ❑ Fähigkeiten zum sozialen Lernen sind beim Pferd nachweisbar. Soziales Lernen bezeichnet die Fähigkeit, von Artgenossen durch Beobachten und Nachahmen zu lernen.
- ❑ Als in sozialen Gruppen lebende Herdentiere müssen sich Pferde schnell und flexibel sich ändernden Bedingungen anpassen können. Diese Fähigkeit gilt letztlich als eine Voraussetzung für soziales Lernen.
- ❑ Pferde sind in der Lage, sogar Trainingsverhalten anderer Pferde ihrer eigenen Gruppe zu kopieren. Voraussetzung ist dabei, dass das zu kopierende Pferd einen höheren Rang in der Gruppe einnimmt als das Nachahmende.
- ❑ Pferde richten auch gegenüber Menschen ihr Verhalten nach der beobachteten Reaktion von ranghohen Gruppenmitgliedern aus.
- ❑ Die alten Reitlehren haben recht. Pferde können sich von anderen Pferden abschauen, wie man eine Kutsche zieht, über einen Sprung springt und wie man sich dem Menschen gegenüber verhalten soll. Der begleitende Einsatz eines älteren, erfahrenen Führ-Pferdes bei der Ausbildung eines jungen Pferdes macht also Sinn.

Gedächtnis

- ❑ Pferde haben ein Kurzzeit- und Langzeitgedächtnis. Sinneseindrücke, Erfahrungen oder Erlerntes werden im Kurzzeitgedächtnis abgespeichert und sind bei Bedarf schnell abrufbar. Wichtige Erinnerungen werden mit anderen Erfahrungen verknüpft und im Langzeitgedächtnis abgespeichert.
- ❑ Das Kurzzeitgedächtnis des Pferdes ist im Vergleich zu dem des Menschen sehr kurz. Dies erschwert die Verknüpfung von zwei zeitlich zu weit auseinanderliegenden Sachverhalten wie unerwünschte Handlung und Strafe. Das heißt: Auch Strafe oder Lob müssen umgehend vom Menschen eingesetzt werden und nicht Sekunden oder gar Minuten später.
- ❑ Das Langzeitgedächtnis des Pferdes funktioniert gut. Pferde erinnern sich an Gruppenmitglieder, Menschen, Gegenstände oder einmal Gelerntes recht präzise.

Konzentrationsfähigkeit

- ❑ Die Konzentrationsfähigkeit ist von mehreren Faktoren abhängig, darunter vom Alter, von der Gesundheit/Schmerzfreiheit, vom Trainingszustand und von der individuellen Leistungsfähigkeit des Gehirns.

- Da Krankheit und gestörtes Wohlbefinden die Konzentrationsfähigkeit eines Pferdes verschlechtern können, sollten auch Bodenarbeitsübungen nicht zu lange ausgedehnt werden.
- Auch Pferde können sich nicht unbeschränkt lange konzentrieren. Zwischen den einzelnen Trainingsabschnitten brauchen sie immer wieder Pausen, Erholungsphasen für das Gehirn. Der Mensch sollte seinem Pferd in der Arbeit nach 10–20 Minuten eine kleine Pause vor der nächsten Trainingseinheit gönnen. Das Erlernte sitzt dann umso besser.

Lernprinzipien/Lerntheorie

- Lernen bedeutet, dass die Wahrscheinlichkeit, ein bestimmtes Verhalten oder auch eine physiologische Reaktion auf einen bestimmten Reiz zu zeigen, aufgrund von Erfahrung dauerhaft geändert wird.
- Es gibt unterschiedliche Formen des Lernens: das assoziative Lernen und das nicht-assoziative Lernen; außerdem noch die Sonderform Prägung (Imprinting). Zum nicht-assoziativen Lernen gehören die Gewöhnung (Habituation) sowie die Sensibilisierung, zum assoziativen Lernen gehören die klassische sowie die operante Konditionierung.
- Prägung bezieht sich auf angeborene Verhaltensweisen auf bestimmte Reize hin und ist nur innerhalb kurzer Zeit nach der Geburt möglich. Die Bindung des Fohlens an seine Mutter basiert zum Teil auf Prägung. Ansonsten ist diese Lernform für Pferde weniger bedeutsam.
- Unter besonderen Bedingungen, z.B. Handaufzucht ohne Kontakt zu anderen Pferden, kann es zu gefährlichen Fehlprägungen kommen.
- Nicht-assoziatives Lernen bedeutet, dass zum Erlernen einer Sache keine Verknüpfung zwischen verschiedenen Reizen hergestellt werden muss. Gelernt wird hier ausschließlich über die Gewöhnung oder die Sensibilisierung.
- Die Gewöhnung ist eine wichtige Lernform bei der Arbeit und im Umgang mit Pferden, bei der sie lernen auf (Umwelt-)Reize nicht zu reagieren. Dazu gehört Lärm ebenso wie beispielsweise das Vorbeifahren von Autos oder aber das Auflegen eines Sattels oder das Anlegen einer Trense. Gewöhnung erfolgt dabei entweder durch Desensibilisierung, Gegenkonditionierung oder Reizüberflutung.
- Assoziatives Lernen bedeutet die Verlinkung von einem zuvor neutralen Stimulus mit einer physiologischen Antwort (z.B. Muskelanspannen) bzw. einer Verhaltensantwort (erhöhte Herzfrequenz).
- Die klassische Konditionierung ist eine Form des assoziativen Lernens. Sie basiert darauf, dass wiederholt ein zuvor neutraler Reiz (z.B. Klappern des Futterwagens) mit einem unbedingten Reiz (z.B. Speichelfluss und Wiehern) gekoppelt wird, bis der bisher neutrale Reiz allein ausreicht, eine Reaktion hervorzurufen. Diese Art der Verknüpfung von Reizen und Reaktionen ist im Umgang und bei der Arbeit mit Pferden von großer Bedeutung.
- Bei der operanten Konditionierung verläuft der Mechanismus anders herum: Das Pferd zeigt erst ein Verhalten und löst damit einen Reiz aus.

4.6 Grundbausteine des Lernens

4.6.1 Motivation

Unter Motivation versteht man die Gesamtheit von Beweggründen, die zu einer Handlungsweise anregen. Grundvoraussetzung für jede Form des assoziativen und nicht-assoziativen Lernens ist das Vorhandensein einer solchen Motivation. Sie wird entweder durch angenehme Reize (z.B. Futter, angenehme Berührung) oder durch unangenehme Reize (z.B. Druck, Schmerz, Angst) bedingt, die das Pferd entsprechend entweder erlangen oder vermeiden will. Eine Verstärkung des Reizes kann die Motivation und damit auch den Lernerfolg erhöhen. Daher läge es nahe, einfach durch Verstärkung der Reize (z.B. stärkeren Druck ausüben oder das Pferd hungern zu lassen) die Lernmotivation zu erhöhen. Abgesehen von Fragen der ethischen Vertretbarkeit bei Nutzung solcher Maßnahmen existieren hier natürliche Grenzen. Tatsächlich gibt es nämlich ein Optimum, das heißt, der Zusammenhang „mehr Hunger = größere Motivation (eine Futterbelohnung zu erlangen)" oder „mehr Druck = größere Motivation (diesem Druck zu entkommen)" gilt nur bis zu einem gewissen Grad. Denn sowohl starker Schmerz, große Angst oder auch großer Hunger führen dazu, dass ein Tier zu instinktiven Verhaltensweisen übergeht und nicht mehr bereit beziehungsweise in der Lage ist, alternative Verhaltensweisen anzubieten und zu lernen. So kann starker Druck leicht auch zu gefährlichen Abwehrreaktionen wie Steigen oder Buckeln führen oder großer Hunger unter Umständen zu beharrlichem Scharren statt flexiblem, erlerntem Verhalten.

Im Hinblick auf das Ziel der Leichtigkeit und Harmonie in der Kommunikation zwischen Mensch und Pferd sollte stattdessen stets versucht werden, wie oben beschrieben, die Reize (Signale, Hilfen) allmählich zu verfeinern.

Steigen kann eine Abwehrreaktion des Pferdes auf zu hohen Druck durch den Reiter sein.

4.6.2 *Konsequenz und Kontiguität*

Beim assoziativen Lernen ist neben der Motivation auch die konsequente und zeitliche eng aufeinanderfolgende Verknüpfung von Reiz und Reaktion (Kontiguität) unabdingbar. Dies gilt für alle Arten dieser Lernform. Nur wenn das Signal (der Reiz, Stimulus) jedes Mal gleichartig gegeben wird, nur wenn der nachfolgende Verstärker (z.B. Nachlassen eines leichten Drucks wie bei einer nachgebenden Zügelhilfe) jedes Mal bei korrekter Ausführung der gewünschten Reaktion gegeben wird und nur wenn er unmittelbar nach Beginn bzw. Ausführung der korrekten Reaktion (z.B. Nachgeben im Genick) gegeben wird, kann das Pferd erfolgreich eine Verknüpfung zwischen dem Stimulus (z.B. kleiner Führstrick-Ruck oder ganze Parade), der Reaktion (Anhalten) und der Konsequenz (Nachlassen des Führstrick- bzw. Zügeldrucks) erstellen.
Erfolgreiche Pferdeausbilder sind in der Regel besonders gut darin, die Reize (d.h. die Signale bei der Bodenarbeit oder die Hilfen beim Reiten) immer in gleicher Form und Klarheit zu geben, die zeitlichen Abfolgen genau zu steuern und konsequent zu handhaben. Aus diesem Grund ist beim Reiten auch ein sicherer, ausbalancierter Sitz wichtig, da nur ein ruhig im Bewegungsfluss sitzender Reiter seine Hilfen gezielt und in gleichbleibender Art geben kann.

Auch bei der Bodenarbeit ist eine solch klare Signalvermittlung bedeutsam. Unnötige Körperbewegungen und Änderungen in der Körperhaltung können bei visuellen Signalen genauso als Störfaktor auf das Pferd wirken wie ständiges Sprechen bei der Nutzung von Stimmsignalen. Das Pferd muss so erst die wichtige Information aus den unwichtigen Störsignalen herausfiltern. Während dies den anfänglichen Lernerfolg erheblich reduzieren kann, lässt sich natürlich im fortgeschrittenen Stadium durchaus versuchen, absichtlich solche Störfaktoren einzubauen, um das Pferd gegenüber den bedeutsamen Signalen zu sensibilisieren, sodass man sie auch unter erschwerten Bedingungen anwenden kann.

4.6.3 *Verstärkung und Bestrafung*

Sowohl die angenehmen als auch die unangenehmen Reize können entweder durch deren Entfernung oder durch deren Zugabe eingesetzt werden und damit die Wahrscheinlichkeit, dass ein Verhalten auftritt, entweder erhöhen (Verstärkung) oder verringern (Bestrafung). Damit ergeben sich wiederum vier grundsätzliche Formen des assoziativen Lernens:

- **Positive Verstärkung:** Das Pferd zeigt ein gewünschtes Verhalten (z.B. Anhalten) in Antwort auf ein Signal und bekommt dafür eine Belohnung (z.B. eine Handvoll Hafer).

Die Gabe von Futter ist eine echte Belohnung.

- **Negative Verstärkung:** Man übt einen leicht unangenehmen Reiz auf das Pferd aus (z.B. Schenkeldruck), bis das Pferd eine gewünschte Reaktion zeigt (z.B. Antraben), worauf dann der Reiz (z.B. Schenkeldruck) entfernt wird.
- **Positive Bestrafung:** Das Pferd zeigt ein unerwünschtes Verhalten (z.B. Steigen) und bekommt dafür eine Bestrafung (z.B. Schlag mit der Gerte).
- **Negative Bestrafung:** Das Pferd bekommt einen angenehmen Reiz (z.B. Putzen/Kraulen an bevorzugten Körperstellen), der jedoch beim Auftreten von unerwünschtem Verhalten (z.B. Benagen des Pflegers) entfernt wird.

Verstärkung, gleich welcher Art, führt demnach dazu, dass ein bestimmtes Verhalten wahrscheinlicher wird, während Bestrafung dazu führt, dass ein bestimmtes Verhalten unwahrscheinlicher wird. Für das Trainieren neuer Aufgaben am Boden und insbesondere auch für das Reiten ist daher die Verstärkung das Mittel der Wahl.
Aus Praxissicht ist die Benennung dieser Fachbegriffe allerdings unglücklich, da man aufgrund der Doppelbedeutung mit dem Wort „positiv" intuitiv etwas Angenehmes und Gutes verbindet, mit dem Wort „negativ" dagegen etwas Unangenehmes und Schlechtes. **Tatsächlich beziehen sich die Worte positiv und negativ hier aber alleine auf das Hinzugeben (positiv) bzw. Entfernen (negativ) eines Reizes, nicht aber auf die Wertigkeit des Reizes** (positive Bestrafung ruft unangenehme/„negative" Empfindungen wie Angst oder Schmerz beim Pferd hervor). In der Praxis werden daher in der Regel andere umgangssprachliche Bezeichnungen verwendet (z.B. „Belohnung" anstelle von negativer Verstärkung beim Nachlassen des Drucks durch Führkette oder Knotenhalfter beziehungsweise Nachgeben am Zügel bei einer korrekten Ausführung einer Aufgabe).

Auch wenn Begrifflichkeiten für eine korrekte Pferdeausbildung zweitrangig sind, sollte jeder Pferdetrainer zumindest die Prinzipien dieser verschiedenen Lernformen genau kennen, um sie sachgerecht anzuwenden und dem Pferd damit das Lernen so einfach und stressfrei wie möglich zu machen.

Praktische Anwendung negativer Verstärkung

Beim Reiten spielt das Prinzip der negativen Verstärkung im Allgemeinen die bedeutendste Rolle, da mit Zügel, Schenkel und Gewicht sowie gegebenenfalls zusätzlich mit Gerte und Sporen (leichter) Druck ausgeübt wird (z.B. ganze Parade: Druck wird mit Gewicht, Schenkel und Zügel ausgeübt), bis das Pferd die gewünschte Verhaltensantwort zeigt (z.B. Anhalten), worauf der Druck entfernt wird. Dieser Druck muss dabei nicht schmerzhaft oder unangenehm sein, sofern das Pferd mittels klassischer Konditionierung gelernt hat, auch auf minimale Reize zu reagieren. Die Signale der geführten Bodenarbeit (SIEHE KAP.6, S. 105) funktionieren nach dem gleichen Prinzip. In beiden Fällen sollte man sich aber darüber im Klaren sein, dass das Nachlassen des Führseils oder eine nachgebende Zügelhilfe eine negative Verstärkung und eben keine „Belohnung" im Sinne der Lerntheorie darstellt, da mit dem Nachlassen des Drucks lediglich der Normalzustand wieder hergestellt wird, das Pferd darüber hinaus aber nichts besonders Erstrebenswertes wie Futter oder Kraulen erhält.

So wie die treibende Schenkelhilfe ist auch die durchhaltende Zügelhilfe eine negative Verstärkung, die auf gewünschte Reaktion des Pferdes hin ausgesetzt wird.

Für das Pferd kann es beim Erlernen neuer Aufgaben mittels negativer Verstärkung jedoch zunächst schwierig sein herauszufinden, welche Antwort die gewünschte ist. Es muss mehr oder weniger lange verschiedene Verhaltensweisen anbieten, bis darunter zufällig auch die gewünschte Verhaltensweise ist, die dann durch den nachlassenden Druck verstärkt wird. So wird ein gerade angerittenes Pferd durch das Zügelannehmen (negative Verstärkung) nicht zwangsläufig mit dem gewünschten Durchparieren oder Anhalten reagieren, sondern zunächst vielleicht gegen die Zügelhilfe laufen, mit dem Kopf schlagen oder sich frei machen. Erst wenn es – zunächst zufällig – mit Verlangsamung reagiert und der Reiter in diesem Moment die Zügelhilfe aussetzt, beginnt es, den Zusammenhang zwischen Annehmen und Nachgeben und der eigenen Reaktion zu begreifen und zu lernen, und wird künftig auf eine annehmende Zügelhilfe schneller wie gewünscht reagieren, um dem Druck dieser Hilfe zu entgehen.

Problematisch kann es auch sein, dass oft viele sehr ähnliche Hilfen bzw. Signale benutzt werden, um unterschiedliche Antworten vom Pferd zu erlangen (z.B. leichtes Rucken am Führstrick zum Tempo-Verlangsamen, zum Anhalten oder Stellung-Geben; oder unter dem Reiter Paraden, also erhöhter Zügeldruck, in nur leicht verschiedenen Varianten zum Anhalten, zur Erreichung von Stellung, zur Vorbereitung der nächsten Lektion etc.). Schwierig fürs Pferd wird es auch, wenn der Mensch den Druck nicht rechtzeitig und auch nicht vollständig nachlässt, sodass es für das Pferd schwer ist, zu erkennen und zu lernen, welches die gewünschte Reaktion überhaupt war.
Pferde verfügen jedoch sowohl über ein erstaunliches Maß der Fähigkeit zur *Diskriminierung* zwischen feinen Unterschieden in Reizen als auch der *Generalisierung*, das heißt der Verallgemeinerung von Reizen. Dies ermöglicht ihnen, trotz variabler Signal- und Hilfengebung zu erkennen, welches Verhalten gefordert ist. So gelingt es geübten Reitern, halbe Paraden deutlich genug von den aus mehreren halben Paraden bestehenden ganzen Paraden (zum Halten) zu differenzieren, sodass das Pferd trotz der hohen Ähnlichkeit (z.B. gehen beide Varianten mit Zügeldruck einher) zuverlässig deren Bedeutung unterscheiden und entsprechend umgehend reagieren kann.

In diesem Beispiel hier übt die Führperson Druck mit dem Führstrick aus, obwohl das Pferd die gewünschte Reaktion – Annäherung an das Schreckhindernis – zeigt. Ein Nachlassen des Seils wäre hier richtig. Berücksichtigt werden muss der spontane Fluchtreflex des Pferdes, der in diesem Fall nach vorne ausgelöst werden kann.

Der Ungeübtere hat hingegen seine Einwirkungsintensität weniger gut unter Kontrolle, sodass die Hilfengebung von Mal zu Mal unterschiedlich ausfällt und das Pferd somit lernen muss, auch auf diese unterschiedlich ausfallenden Hilfen gleichartig und wie gewünscht zu reagieren. Die dafür erforderliche Generalisierung ist beispielsweise bei Schulpferden sehr wichtig, die oft auf viele verschiedene Varianten der Signal- und Hilfengebung wie zum Anhalten oder zum Antraben gleichermaßen reagieren.
Macht man sich diese Zusammenhänge bewusst zunutze, kann man durch Anpassung seiner Signale und Hilfen im Sinne einer erleichterten Diskriminierung den Trainingserfolg leicht steigern.

Praktische Anwendung positiver Verstärkung

Auch wenn die Methode der *positiven Verstärkung* mittels eines primären Verstärkers (Futter) in der klassischen Pferdeausbildung nicht weitverbreitet ist, hat sie deutliche Vorteile für das Pferd und den Lernerfolg, weil das Pferd ganz ohne negative Einwirkung (negativ nicht im Sinne von schlecht, sondern im Sinne von negativer Verstärkung) ein gewünschtes Verhalten zeigt und dazu dann eine erstrebenswerte Belohnung bekommt. Ein Hinderungsgrund bei der verbreiteten Umsetzung unter dem Reiter ist jedoch die eingeschränkte Praktikabilität, da die Verabreichung von Futterbelohnungen nicht immer in zeitlicher enger Abfolge zum gewünschten Verhalten erfolgt und durch den Reiter auch nicht ohne Verlassen der aufrechten Sitzposition geschehen kann.

Eine praktikable Lösung stellt hier der Einsatz eines *sekundären Verstärkers* dar, wie es zum Bespiel auch im „Clicker-Training" genutzt wird. Allerdings kann auch jeder andere Laut bzw. jedes Wort verwendet werden. Wichtig ist hier die konsequente Verknüpfung des sekundären Verstärkers (z.B. das Geräusch des Clickers oder aber auch eines bestimmten Wortes, z.B. „brav") mit einer Belohnung (z.B. Gabe eines Apfelstückchens oder auch das Kraulen und Streicheln an bevorzugten Körperstellen), um dem Pferd die Bedeutung des sekundären Verstärkers stellvertretend beizubringen. Der sekundäre Verstärker – also „brav" – kann dann unmittelbar infolge des gewünschten Verhaltens gegeben werden, während der eigentliche primäre Verstärker, also die Belohnung, wie zum Beispiel Nahrungsaufnahme in Form des Apfelstückchens, erst wenige Sekunden später verabreicht werden muss.

Ein praktisches Beispiel: Ein Pferd trabt an der Longe und pariert auf Stimmhilfe, der Veränderung der Körperposition des Longenführers oder der Position der Peitsche wie gewünscht durch. Der Einsatz eines primären Verstärkers, hier die Gabe von Nahrung in Form eines Apfelstücks oder Ähnlichem, wäre zeitnah aufgrund der räumlichen Entfernung zum Longierenden nicht möglich – der sekundäre Verstärker über das Stimmgeräusch „brav" dagegen wohl. Wichtig ist, dass das Pferd den sekundären Verstärker zuvor kennengelernt hat.

Ist das Pferd räumlich vom Menschen entfernt, ist eine Verstärkung mittels einer primären, positiven Verstärkung (Futter) nicht möglich, da diese auf ein erwünschtes Verhalten hin sofort gegeben werden muss.

Da die meisten Pferde sehr motiviert sind, Futter zu bekommen, kann die Methode der positiven Verstärkung hoch erfolgreich eingesetzt werden und ist prinzipiell auch für die Ausbildung des Arbeits- oder Reitpferdes geeignet. Vorsicht ist aber auch bei dieser Trainingsmethode geboten, da Abweichungen von einer sehr konsequenten und zeitlich genau abgestimmten Verstärkung (ob primär oder sekundär) dazu führen können, dass unbeabsichtigt unerwünschte Verhaltensweisen verstärkt werden, bis hin zu aggressivem Futterbetteln. Wenn das Pferd am Boden für ein Rückwärtsweichen oder unter dem Sattel für einen gelungenen Sprung gelobt werden soll, so muss das unmittelbar während des Weichens bzw. nach dem Sprung erfolgen (mittels sekundärem Verstärker) – und nicht erst, nachdem das Pferd zur Verabreichung der Belohnung angehalten wurde, da sonst das Anhalten, nicht aber das Weichen bzw. die Springmanier verstärkt/belohnt wird.

Verhaltensformung

Sowohl bei der positiven als auch bei der negativen Verstärkung steht man oft vor einem Problem: Es kann in bestimmten Situationen schwierig sein, dass das Pferd das gewünschte Verhalten überhaupt zeigt, was aber wiederum Voraussetzung für dessen Verstärkung wäre. In diesen Fällen muss man mittels *Verhaltensformung* schrittweise zunächst Ansätze des Verhaltens, die in die richtige Richtung gehen, verstärken. Jede weitere Annäherung an das gewünschte Verhalten wird dann in weiteren Übungseinheiten verstärkt, während Rückschritte oder Stagnation unverstärkt bleiben.

Erfolgreiche Trainer zeichnen sich dadurch aus, dass sie auch kleinste Schritte in die richtige Richtung erkennen und entsprechend verstärken. Von einer positiven Bestrafung (Schlag mit der Gerte) von Verhaltensweisen, die nicht dem gewünschten Zielverhalten entsprechen oder ähneln, ist bei dieser Verhaltensformung abzuraten. Eine solche Bestrafung kann das Pferd hemmen, nach weiteren möglicherweise „richtigen" Verhaltensweisen zu suchen und diese anzubieten. Ein solches Anbieten verschiedener Verhaltensweisen ist aber erforderlich, um so Ansätze des richtigen Verhaltens überhaupt verstärken zu können.

Bei konsequenter Beachtung der Lerntheorie können entsprechende Erfolge sehr schnell und oft auch sehr leicht erreicht werden. Wichtig ist auch, dass Pferde lernen können, zu lernen. Das heißt: Mit zunehmenden Lernerfolgen fällt ihnen das Lernen neuer Aufgaben leichter.

TIPPS FÜR DIE PRAXIS

- *Ein Pferd auf Signale und Hilfen des Menschen sensibel zu halten bzw. zu machen ist eine Grundforderung im Umgang mit dem Pferd. Deshalb ist es extrem wichtig, die Signale und Hilfen im richtigen Moment und in der richtigen Dosierung (nicht zu gering, nicht zu stark und vor allem nicht zu oft) zu geben, damit es nicht zu Abstumpfung und damit zum Ignorieren von Signalen und Hilfen, aber auch nicht zu fehlerhafter Verstärkung kommt.*
- *Jedes Lob über die Stimme oder über eine Berührung muss als sekundärer Verstärker erst einmal konditioniert werden. Zum Beispiel: Zum Wort „brav“ wird solange immer eine Futterbelohnung gegeben, bis das Pferd „brav“ und Futter gleichstellt. Anschließend wird in der Situation, die es zu loben gilt, nur noch „brav“ gesagt. Um die Bedeutung des Verstärkers aufrechtzuerhalten, lässt er sich in der täglichen Pflege immer wieder auffrischen, sprich Kombination von „brav“ + Futter.*

Das Beibringen des einen oder anderen „Zirkuskunststückchens“ muss der sportlichen Karriere eines Pferdes durchaus nicht abträglich sein und kann insbesondere bei der Nutzung von positiver Verstärkung dem Pferd Freude an der Zusammenarbeit mit dem Menschen bringen.

Prüfungswissen zusammengefasst

Grundbausteine des Lernens

- Grundvoraussetzung für erfolgreiches Lernen sind Motivation sowie Konsequenz (d.h. die Beständigkeit in der Verlinkung zwischen zwei Reizen bzw. Reaktion und Reiz) und Kontiguität (d.h. das zeitlich unmittelbare Aufeinanderfolgen von Reiz und Reaktion bzw. neutralem Reiz und dem Reiz, der natürlicherweise „reflexartig" eine Reaktion auslöst).
- Unter Motivation versteht man die Gesamtheit von Beweggründen, die zu einer Handlung anregen.
- Motivation wird entweder durch angenehme Reize (Futter, Streicheln) oder unangenehme Reize (Druck, Schmerz, Angst) bedingt. Das Pferd will diese Reize entweder erlangen oder vermeiden.
- Eine Verstärkung eines Reizes muss nicht unbedingt mit einer Verstärkung der Motivation einher gehen. Das gilt vor allem für unangenehme Reize, die zu einem Übergang zu instinktiven Verhaltensweisen (z.B. Flucht, Verteidigung) und damit zu einer Behinderung der Lernfähigkeit führen können.
- Starker Druck kann zu gefährlichen Abwehrreaktionen führen!

Konsequenz und Kontiguität

- Die zeitlich eng aufeinanderfolgende Verknüpfung von Reiz und Reaktion nennt man Kontiguität (das „Timing"). Sie ist vor allem für das assoziative Lernen wichtig. Beispiel: Bei der Bodenarbeit gibt der Führende dem Pferd zum Anhalten über eine Einwirkung mit dem Führstrick das Zeichen zum Anhalten. In dem Moment, in dem das Pferd stoppt, wird die Einwirkung ausgesetzt, der Führstrick hängt durch. Auf diese Weise kann das Pferd eine Verknüpfung herstellen zwischen Signal, Reaktion und Konsequenz. In der Folge wird es möglich sein, die Einwirkung immer feiner gestalten zu können.
- Es ist wichtig, Signale und Hilfen immer in gleicher Form und Klarheit zu geben sowie das Timing genau im Griff zu haben.
- Pferde verfügen sowohl über ein erstaunliches Maß der Fähigkeit zur Diskriminierung zwischen feinen Unterschieden in Reizen als auch der Generalisierung, das heißt der Verallgemeinerung von Reizen.

Verstärkung/Bestrafung

- Verstärkung führt grundsätzlich dazu, dass ein bestimmtes Verhalten wahrscheinlicher wird.
- Unterschieden wird in positive oder negative Verstärkung sowie in positive und negative Bestrafung. Positive Verstärkung: Das Pferd zeigt ein gewünschtes Verhalten (z.B. Anhalten) in Antwort auf ein Signal und bekommt dafür eine Belohnung (z.B. eine Handvoll Hafer). Negative Verstärkung: Man übt einen leicht unangenehmen Reiz auf das Pferd aus (z.B. wiederholter Schenkeldruck) bis das Pferd eine gewünschte Reaktion zeigt (z.B. Antraben), worauf dann der Reiz (z.B. Schenkeldruck) entfernt wird. Positive Bestrafung: Das Pferd zeigt ein unerwünschtes Verhalten (z.B. Steigen) und bekommt dafür eine Bestrafung (z.B. Schlag mit der Gerte). Negative Bestrafung: Das Pferd bekommt einen angenehmen Reiz (z.B. Putzen/Kraulen an bevorzugten Körperstellen), der jedoch beim Auftreten von unerwünschtem Verhalten (z.B. Benagen des Pflegers) entfernt wird.
- Positiv und negativ wird im Zusammenhang der Lerntheorie verstanden als Hinzunehmen (positiv) oder Entfernen (negativ) eines Reizes. Eine Belohnung im Sinne des Wortes erfolgt nach der Lerntheorie nur bei der positiven Verstärkung, d.h., wenn dem Pferd etwas von positiver (angenehmer) Wertigkeit (Futter) gegeben wird. Das Nachlassen von Druck ist keine Belohnung im wissenschaftlichen Sinne, sondern eine negative Verstärkung und beinhaltet das Entfernen eines Reizes mit wenn auch leichter, negativer (unangenehmer) Wertigkeit!
- Die meisten Signale oder Reiterhilfen fallen unter das Konzept der negativen Verstärkung.
- „Druck" im Rahmen des Lernens ist nicht gleichbedeutend mit Schmerz, sondern bezeichnet lediglich eine körperliche Einwirkung (z.B. Berühren mit der Gerte, treibende Schenkelhilfe, durchhaltende Zügelhilfe u.Ä.).
- Ein sekundärer Verstärker wie beispielsweise ein lobendes Wort („brav", „fein") funktioniert besser, wenn er zuvor mit einem primären Verstärker (Futter) verknüpft wurde. Diese Verknüpfung sollte immer mal wieder aufgefrischt werden.
- Primäre und auch sekundäre Verstärker müssen zeitgenau eingesetzt werden, um auch wirklich das Verhalten zu verstärken, auf das es ankommt. Ein Beispiel: Beim Erlernen des Rückwärtstretens muss die Verstärkung genau in dem Moment gesetzt werden, in dem das Pferd einen Tritt rückwärts ansetzt. Wird erst nach Beendigung der Übung im Halten „gelobt", verstärkt man das Halten, nicht das vorherige Rückwärtstreten.
- Bereits kleinste Schritte in die richtige Richtung (einer Übung) müssen verstärkt werden (Verhaltensformung). Solange von „falschen" Verhaltensweisen keine Gefahr für Mensch oder Pferd ausgeht, sollten sie ebenso wie Rückschritte in der Qualität der Verhaltensweise einfach ignoriert werden. Das Vorenthalten der vom Pferd erwarteten Belohnung wirkt so bereits als negative Bestrafung.

KAPITEL 5

KOMMUNIKATION ZWISCHEN MENSCH UND PFERD

Mit seinem Pferd auf Du und Du sein – davon träumen viele Menschen.

Pferde kommunizieren von Natur aus via pferdetypischer „Sprache", also vor allem der Körpersprache mittels Gestik und Mimik, nicht nur untereinander, sondern auch mit anderen Tierarten und dem Menschen. Entsprechend verstehen sie Signale des Menschen, die dieser Pferdesprache entsprechen, intuitiv. Diese Eigenschaften machen sich viele „Pferdeflüsterer" und Könner im Umgang mit Pferden zunutze. Dennoch darf man sich dem Pferd nicht völlig gleichstellen, da dies dazu führen kann, dass das Pferd sämtliche pferdetypische Verhaltensweisen auch auf den Menschen überträgt. Spielerisches Auskeilen, Steigen oder auch nur das freundlich gemeinte Beknabbern zur Fellpflege können schnell zu ernsthaften Verletzungen beim Menschen führen. Diese Grenzen müssen dem Pferd daher in jedem Fall aufgezeigt werden, indem bereits Ansätze solchen Verhaltens gegenüber dem Menschen energisch unterbrochen werden und auch ein entsprechender Sicherheitsabstand vom Pferd eingehalten wird, so wie sich auch ein ranghöheres Pferd in der Gruppe Respekt verschafft.

5.1 Mensch-Pferd-Interaktion

Vielfach wird auch davon gesprochen, dass der Mensch Dominanz über das Pferd ausüben muss, um einen sicheren Umgang zu gewährleisten und um das Pferd dazu zu bringen, seinen Anweisungen Folge zu leisten. Dies ist insofern richtig, als es zu vermeiden gilt, dass das Pferd den Menschen als rangnieder ansieht. Pferde können ansonsten gegenüber Individuen, die sie als rangnieder einstufen, leicht und für den Menschen oft unerwartet dominant bis aggressiv werden.

5.1.1 Dominieren oder Beschützen

Dominanzverhalten unter Pferden äußert sich im Allgemeinen nur in kurzen, den Rang klärenden Aktionen. Über einen längeren Zeitraum andauerndes Dominieren eines anderen Pferdes kommt normalerweise nicht vor. Falls doch, handelt es sich eher um Mobbing-Verhalten, ein auch im Tierreich zu beobachtendes Phänomen. Dominanz des Menschen gegenüber dem Pferd darf deshalb nicht dahingehend missverstanden werden, dass das Pferd stets zur Unterordnung durch Unterwerfungsmanöver (z.B. ausgedehntes Rückwärtstreten-Lassen, zeitlich ausgedehntes im Kreis-Herumtreiben) oder gar durch mehr oder weniger gewaltsame Handlungen gezwungen werden muss. Durch eine ruhige Ausstrahlung sowie souveränes und selbstbewusstes Auftreten, das klare Ziele der Handlungen erkennen lässt, können Pferde den Menschen auch ohne „Dominanzgerangel" als höherrangige Leitperson anerkennen (siehe Kap. 2, S. 23).

5.1.2 Freundschaften

Tatsächlich gibt es auch bei Pferden untereinander nicht nur klare Dominanzhierarchien, sondern auch Freundschaften zwischen bestimmten Pferden. Diese „Pferdefreunde" suchen häufiger gegenseitig die Nähe, lassen den jeweiligen Partner dichter an sich heran und sie tauschen häufiger freundliche Interaktionen wie Fellknabbern aus. Auch der Mensch kann in gewisser Weise versuchen, eine solche „Freundschaft" zum Pferd aufzubauen, z.B. indem er das Pferd häufiger, besonders an bevorzugten Körperstellen krault oder auch bei Auseinandersetzungen mit einem anderen Pferd einschreitet. Dieses Einschreiten bei Auseinandersetzungen wird gelegentlich auch durch Leittiere innerhalb einer Pferdeherde unternommen und kann im Falle des Menschen zum einen dazu beitragen, dass in Herden lebende Pferde in Gegenwart eines Menschen größere Auseinandersetzungen unterlassen. Zum anderen hilft man insbesondere den so „beschützten" Pferden, Vertrauen in den Menschen zu entwickeln und seine Leitfunktion weiter zu festigen.

Freundschaften zwischen Pferden aber auch zwischen Pferd und Mensch sind durchaus Realität.

Solches vor allem auf positiven Erfahrungen beruhendes Verhältnis, bei dem der Mensch die Rolle eines partnerschaftlich beschützenden statt eines bedingungslos dominanten Anführers übernimmt, kann – angefangen beim Einfangen des Pferdes auf der Weide – im Alltag viele Situationen des Umgangs erleichtern.

Ein Einschreiten durch den Menschen darf aus Sicherheitsgründen aber nur von erfahrenen Pferdeleuten in Form von kurzfristigem Auseinandertreiben beispielsweise mittels Erheben der Stimme oder Peitschenknallen geschehen. Bei größeren Problemen sollten Pferde, die sich überhaupt nicht verstehen, aus der Gruppe herausgenommen und möglichst mit anderen vergesellschaftet werden.

5.1.3 Mit Pferden „sprechen"

Über die Interpretation intuitiv für sie verständlicher Signale hinaus sind Pferde auch in der Lage, eine Vielzahl an Signalen und Kommandos des Menschen zu erlernen. Grundsätzlich stehen dem gesunden Pferd wie auch dem Menschen alle fünf Sinne (Hören, Sehen, Riechen, Schmecken und Fühlen) für die Kommunikation zur Verfügung (siehe Kapitel 3). Schmecken und Riechen spielen in der Reiter-Pferd-Kommunikation eine untergeordnete Rolle. Kommunikation unter Einbeziehung des Geschmackssinns hat jedoch eine gewisse Bedeutung bei der positiven Verstärkung mittels Futterbelohnungen (SIEHE KAP. 3, S. 46 FF.).

Weil Pferde vorzugsweise über visuelle Signale (Sehen) kommunizieren, Menschen dagegen vorzugsweise über Sprache (Hören), entstehen häufig Konflikte beim Miteinander von Mensch und Pferd. Zwar kann das Pferd auch Sprachsignale gut lernen, aber die richtige und zuverlässige Beantwortung dieser Sprachsignale erfordert eine solide Lernbasis und eine möglichst einheitliche Anwendung der Sprachsignale. Verändert sich die Stimmlage des Menschen zum Beispiel aufgrund von Ärger oder Angst, kann dies entsprechende Sprachkommando für das Pferd schwerer verständlich sein.

Im Bodentraining sicher erarbeitete Stimmsignale (Hören) können aber insbesondere beim späteren Anreiten der Pferde trotzdem wichtige Dienste erweisen, wenn das Pferd die Hilfengebung des Reiters noch nicht kennt. So reagieren junge, davon stürmende Pferde auf annehmende Zügelhilfen oft nicht mit der erwünschten Reduzierung des Tempos oder der Gangart, da ihnen die Bedeutung dieser Hilfe noch unbekannt ist. Unter Umständen verursacht der Einsatz des Zügels sogar ein kurzes Unbehagen, was dazu führen könnte, dass das Pferd wegeilt und sich fest macht. Hat es zuvor in der Bodenarbeit jedoch ein passendes Stimmkommando zum Durchparieren oder Zurückführen des Tempos gelernt, nimmt es dies in der Regel auch beim Reiten sehr gut an und kann so meist problemlos pariert und allmählich an die Bedeutung der Zügelhilfen herangeführt werden.

Gegenüber den Stimmkommandos werden körpersprachliche Signale und Gesten, die das Pferd über den Sehsinn wahrnehmen kann, oft leichter erlernt als Sprachsignale, weil dies ihrer Natur entgegenkommt. Für die Arbeit am Boden kann sich der Reiter diese Zusammenhänge daher zunutze machen, indem er beim Führen Kommandos mit bestimmten Gesten, wie zum Beispiel das Heben einer Hand zum Anhalten, verbindet. In jedem Fall ist darauf zu achten, dass die Gesten eindeutig sind und nicht zu häufig in gleicher Form in anderem Zusammenhang, das heißt mit einer anderen Bedeutung belegt, im Umgang mit dem Pferd vorkommen.

Sitzt der Reiter auf dem Pferd, scheidet der Sehsinn als Form der Kommunikation vom Reiter zum Pferd jedoch weitestgehend aus, da der Reiter sich bei gerader Kopfhaltung des Pferdes zum Großteil im blinden Bereich des Sehfeldes befindet (Siehe Kap. 3). Zuvor bei der Bodenarbeit trainierte Stimmkommandos können daher zur Unterstützung des Durchparierens („halt" oder „brr") oder des Vortreibens (Schnalzen) beim späteren Reiten hilfreich sein. Da Stimmhilfen bei klassischen Dressurprüfungen allerdings verboten sind, sollten sie im Rahmen turniersportlicher Ausbildung möglichst vermieden oder nur sehr reduziert eingesetzt werden.

Die überragende Rolle spielt bei der Kommunikation zwischen Reiter und Pferd aber der Tastsinn. Pferde können auf äußerst feine, für den Betrachter fast unsichtbare Körpersignale wie Veränderungen in der Körperhaltung und Körperspannung eines Reiters reagieren. So wurde in Studien nachgewiesen, dass Pferde sogar wahrnehmen können, ob der Reiter, der auf ihnen sitzt, tatsächlich leicht nervös ist oder aber nur vorgibt, nervös zu sein. Bei der gespielten Nervosität spannt der Reiter offenbar andere Muskelgruppen an als bei einer tatsächlichen Aufregung und liefert so über Berührungsreize durch Sitz, Schenkel und Zügel entsprechend unterschiedliche Signale an das Pferd, die es einordnen kann.

Berührungsreize sollten aus unterschiedlichen Positionen zum Pferd heraus geübt werden.

Mit Ausnahme der Stimmhilfe basieren sämtliche Reiterhilfen (Gewichts-, Schenkel-, Zügelhilfen sowie die Hilfsmittel Gerte und Sporen) auf der Kommunikation über den Tastsinn. Entsprechend sinnvoll kann es sein, das Pferd bei der Bodenarbeit bereits mit Berührungsreizen zu trainieren, die denen beim späteren Reiten ähneln. (z.B. Touchieren mit der Gerte im Bereich der späteren Schenkellage des Reiters, um seitwärts- oder vorwärtstreibende Hilfen zu begleiten).

Allerdings befindet sich der Mensch während der Bodenarbeit zumeist im Sichtfeld des Pferdes. Oft reagieren die Pferde dann stärker auf die Gestik des Menschen statt auf das eigentliche Berührungssignal, da ihnen die Form der visuellen Kommunikation, also die Interpretation von Gesten und Körperhaltungen, besonders gut liegt.

Will man die Bodenarbeit also nutzen, um das Pferd gezielt auf spätere Reiterhilfen vorzubereiten, muss man peinlich genau darauf achten, dass das Pferd erst auf den eigentlichen Berührungsreiz reagiert (d.h. nur dann das Verhalten verstärkt wird) und nicht bereits auf die einleitenden Körperbewegungen oder auch nur die Körperposition im Verhältnis zum Pferd. Dazu kann es hilfreich sein, die entsprechenden Berührungsreize von verschiedenen Positionen aus im Verhältnis zum Pferd zu trainieren. (Beispielsweise die gleiche Reaktion beim Touchieren mit der Gerte an der Flanke verlangen, egal, ob man an der Schulter, direkt seitlich, schräg hinter dem Pferd oder sogar auf der anderen Seite des Pferdes steht).
Grundsätzlich sollte das Ziel eines jeden Pferdehalters sein, die Kommunikation zwischen ihm und dem Pferd stetig zu verfeinern und die Intensität der Signale und Hilfen zu reduzieren. So sensibilisiert man das Pferd für feine Signale, was einen harmonischen Umgang und auch harmonisches Reiten fördert. Zusätzlich kann das so sensibilisierte Pferd unter Umständen in gefährlichen Situationen leichter zu beherrschen sein.

Aufrecht und den Blick nach vorn gerichtet, so soll die Körperhaltung beim Führen sein.

Körpersprache des Menschen

Die Körpersprache des Menschen hat bei der Bodenarbeit eine wichtige Bedeutung. Da Pferde untereinander hauptsächlich durch Körpersprache und nur untergeordnet mithilfe von Lautsprache kommunizieren, sollten neben taktilen auch die nonverbalen Signale des Menschen bei der Arbeit am Boden im Mittelpunkt stehen.

Die menschliche Körpersprache ist ein Zusammenspiel von Körperhaltung, Bewegungen, Blickführung und Gestik bzw. Mimik. Die Mimik spielt zwar in der zwischenmenschlichen Kommunikation eine herausragende Rolle, ist aber bei der Bodenarbeit mit Pferden weniger bedeutsam und wird deshalb hier nicht gesondert erläutert.

Der Mensch sendet permanent Signale aus. Nonverbale Signale sind dabei oft unbewusst. Bei der Arbeit mit Pferden am Boden sollte sich der Mensch jedoch der Signale, die er aussendet, und ihrer Wirkung bewusst sein. Erst dann können diese Signale gezielt eingesetzt werden. Dabei ist auch die Verbindung von Körpersprache und Gefühlen zu beachten. Stimmungslagen wie Aufregung, Wut oder Angst schlagen sich in der Körpersprache nieder und sind für Pferde deutlich erkennbar. Die eigene innere Ausgeglichenheit ist damit eine notwendige Voraussetzung für das Training. Der Mensch sollte sich selbst reflektieren und seine Körpersprache achtsam einsetzen. Wichtig ist, dass er sich nicht aus der Ruhe bringen lässt und beim Umgang mit dem Pferd nervös oder ärgerlich wird.

Für die Bodenarbeit gibt es vielfältige Kombinationen von Körperhaltung, Bewegungen, Blickführung und Gestik. Je nach Übung sind unterschiedliche non-verbale Signale auch kombiniert einzusetzen. Allerdings gelten allgemeine Grundsätze, die prinzipiell beim allgemeinen Umgang und insbesondere bei den Basisübungen wie dem Führen des Pferdes (siehe Kap. 6, S. 100 ff.) in einer Führposition zwischen Genick und Halsansatz auf geraden und gebogenen Linien beachtet werden sollten:

Körperhaltung

- Aufrecht und gerade, der Oberkörper sollte weder nach vorn noch nach hinten gebeugt sein.
- Die Schultern sind unten und zeigen parallel nach vorne.
- Der Kopf ist gerade und nach vorn gerichtet.
- Der Körper sollte sich im rechten Winkel zum Pferd befinden.
- Zum Pferd sollte stets ein Abstand gehalten werden, der mindestens in etwa einer Armlänge entspricht.
- Eine leichte Grundspannung ist notwendig, um selbst punktgenau antreten und anhalten zu können, eine starre oder verkrampfte Haltung ist hingegen zu vermeiden.

☛ *Die aufrechte Körperhaltung vermittelt dem Pferd Präsenz und Entschlossenheit. Der Mensch signalisiert Kompetenz und Selbstsicherheit und achtet darauf, dass das Pferd den gebührenden, respektvollen Abstand zu ihm einhält.*

Bewegungen

- Ruhiger und gleichmäßiger Gang, aber nicht schleichen oder zögerlich gehen.
- Keine hektischen oder plötzlichen Bewegungen.
- Beim Gehen sollten Oberkörper und Arme möglichst ruhig gehalten werden, zu viel Aktivität könnte treibend wirken.
- Die Annäherung an das Pferd sollte nicht von hinten und stets in einer normalen Geschwindigkeit erfolgen.

☛ *Das Mittelmaß zwischen Lockerheit und gezielter, kontrollierter und ruhiger Bewegung strahlt Souveränität und Ruhe aus. Zu eilige oder zu zögerliche Bewegungen würden das Pferd verunsichern.*

Blickführung

- Beim Führen ist der Blick geradeaus gerichtet, nicht auf das Pferd.
- Der Mensch sollte nicht auf den Boden schauen.
- Beim Führen von gebogenen Linien soll in die Richtung geschaut werden, in die der Mensch führen möchte.
- Direkter Blickkontakt mit dem Pferd ist zu vermeiden.

☛ *Eine vorausschauende Blickführung bewirkt, dass die Bewegungen insgesamt zielgerichteter und damit für das Pferd besser lesbar werden. Der Mensch wirkt gradlinig und selbstsicher. Wenn der Mensch während des Führens zum Pferd schaut, besteht die Gefahr, dass er seine gerade Körperhaltung verliert und dem Pferd damit weniger Orientierung gibt. Eine direkte Fixierung der Augen könnte für das Pferd bedrohlich wirken und daher den Fluchtinstinkt oder sogar Verteidigungsverhalten auslösen.*

Gestik

- Keine unkontrollierten und schnellen Bewegungen mit Armen und Händen.
- Die Führhand ist entspannt, keine konstante Einwirkung.
- Einsatz von Gerte oder Seil immer mit Bedacht und gezielt; nicht plötzlich, sondern für das Pferd vorhersehbar; das Pferd muss die Gestik mit seiner eigenen Handlung in Verbindung bringen können.
- Touchieren des Pferdes immer punktgenau, beispielsweise an der Flanke oder vor der Brust.
- Nur Impulse geben, keine kontinuierlichen Hilfen.

☛ *Hektische Armbewegungen könnten das Pferd erschrecken und verunsichern. Es gilt der Grundsatz: Nur so viel wie nötig. Durch die kontrollierte Gestik sollen Klarheit, Gelassenheit, aber auch Konsequenz signalisiert werden.*

TIPPS FÜR DIE PRAXIS

- *Dominanz ist nicht gleichbedeutend mit Dominieren! Dominanz ist ein höherer sozialer Rang innerhalb einer Gruppe, der durch selbstbewusstes, nachvollziehbares und souveränes Verhalten erreicht wird. Wenn die Rangordnung in allen Fällen konsequent aufrecht erhalten wird, reichen feinste Signale zur Verständigung aus; das Pferd fühlt sich beschützt und es besteht gegenseitiges Vertrauen. Im Alltag kann das bereits dadurch erfolgen, dass beim Führen der Mensch auf der Seite der vermeintlichen Gefahr geht und das Pferd abschirmt. Aber auch unterm Sattel bringt ein souveräner Umgang (z.B. im Schulterherein an einer „Gefahr" vorbeireiten) mit den natürlichen Ängsten eines Pferdes mehr Erfolg als eine Bestrafung.*
- *Menschliche Körpersprache im Umgang mit Pferden ist enorm wichtig, da Pferde den Menschen als Gruppenmitglied beobachten. Ruhig einmal vor dem Spiegel die eigene Körperhaltung, Bewegungen und Wirkung überprüfen und, wenn nötig, verfeinern.*

5.2 Bedeutung der Seitigkeit für die Mensch-Pferd-Interaktion

Immer wieder beobachtet und inzwischen auch wissenschaftlich untersucht ist die Seitigkeit, die Lateralität von Pferden. Zwar hat sie nicht direkt etwas mit der Kommunikation zu tun, trotzdem beeinflusst sie aber die Mensch-Pferd-Interaktion und soll deshalb an dieser Stelle des Buches erläutert werden. Denn wer hat sich nicht schon mal gewundert oder sogar geärgert, wenn sein Pferd auf der einen Hand ein paar Runden gedreht hat und dabei jedes Mal an einem Blumenkübel oder der über der Bande hängenden Abschwitzdecke brav vorbeimarschiert ist, nach dem Handwechsel aber so tut, als habe es besagte Gegenstände noch nie gesehen und müsse deshalb sicherheitshalber erst einmal scheuen? Ein solches scheinbar sinnloses Verhalten des Pferdes kann die Kommunikation zwischen Mensch und Pferd schon mal massiv stören. Dabei hat dieses Verhalten nichts mit einem Spleen oder einer ungezogenen Widersetzlichkeit zu tun. Die Gründe liegen eben in besagter Lateralität des Pferdes.

Diese Lateralität ist jedoch nicht nur auf der Ebene der Körperbewegungen zu finden – beispielsweise stellen manche Pferde beim Grasen zum Beispiel deutlich häufiger den einen statt den anderen Vorderhuf voran –, sondern sie ist auch im Gehirn tief verankert. So bevorzugen die meisten Pferde eher das linke Auge, um Dinge oder Menschen zu betrachten. Diese Seitenpräferenz ist vermutlich durch die unterschiedlichen Zuständigkeiten der verschiedenen Gehirnhälften verursacht.
Die Gehirnhälften übernehmen unterschiedliche Aufgaben, zum Beispiel für die Verarbeitung von Sinneseindrücken, die Steuerung von Muskelbewegungen, die Verarbeitung von Kommunikationssignalen, für Fluchtreaktionen oder für das Fällen von Entscheidungen. Deshalb zeigen Pferde in der Bodenarbeit und beim Reiten immer wieder Seitenvorzüge, zum Beispiel lassen sich viele junge Pferde lieber von links führen und auf der linken Hand longieren. Da das Pferd jedoch über eine gute Verknüpfung der Gehirnhälften durch den Gehirnbalken,

das sogenannte Corpus Callosum, verfügt, kann es lernen, Funktionen mit beiden Gehirnhälften zu kontrollieren. Ein wiederholter Wechsel des Führens links und rechts und des Longierens auf der linken und rechten Hand kann die Einseitigkeit des Pferdes schließlich aufheben.

Auch wenn die motorische und die sensorische Seitigkeit nicht direkt mit dem Phänomen der natürlichen Schiefe eines Pferdes zu tun hat, können alle drei Faktoren zusammen zum Seitenvorzug eines Pferdes mit all seinen Auswirkungen auch auf die Mensch-Pferd-Interaktion führen. Deshalb werden hier alle drei Faktoren erläutert.

5.2.1 Natürliche Schiefe

Bei der sogenannten natürlichen Schiefe, die mehr oder weniger ausgeprägt jedes Pferd betrifft, ist das Pferd von oben betrachtet etwas gekrümmt. Bei einem „schiefen" Pferd tritt die Hinterhand leicht verschoben zu einer Seite an der Spur der Vorhand seitlich vorbei. Dies führt dazu, dass eine Seite des Rumpfes hohl und die andere Seite, die sogenannte Zwangsseite, gespannt ist. Da schiefe Pferde ihre Gliedmaßen unterschiedlich stark belasten kann dies zu Überlastungen von Sehnen, Bändern und Gelenken führen. Die natürliche Schiefe unter dem Reiter auszugleichen, es also geradezurichten, ist eines der wichtigsten Anliegen des Reiters und wird über die Anwendung der Skala der Ausbildung erreicht (SIEHE AUCH GRUNDAUSBILDUNG FÜR REITER UND PFERD, RICHTLINIEN FÜR REITEN UND FAHREN, BAND 1).

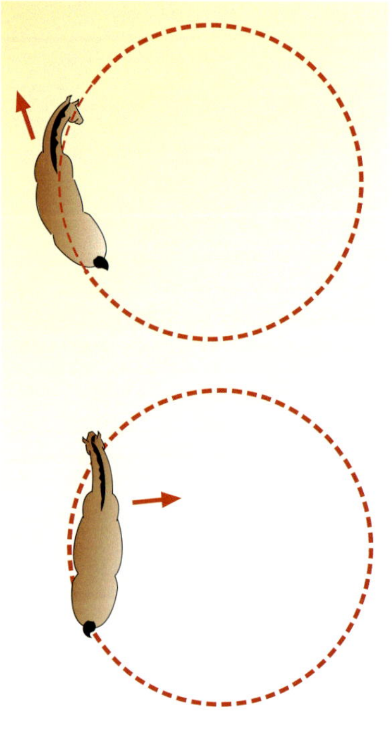

Die Körperliche Schiefe verleitet Pferde dazu, auf dem Zirkel über die äußere Schulter auszuweichen (oben), wenn die verkürzte Muskulatur auf der Innenseite ist, oder in den Zirkel zu drängen, wenn die verkürzte Muskulatur auf der Außenseite ist (unten).

Auch zur Ursache der natürlichen Schiefe kursieren verschiedene Theorien. Die am meisten zitierte besagt, dass die Schiefe durch die Lage des Fohlens in der Gebärmutter ausgelöst werde. In ähnlicher Manier wird diskutiert, ob die Verdrehung, mit der das Fohlen bei der Geburt durch den Geburtskanal der Stute gepresst wird, zur Schiefe führen könnte.

Die natürliche Schiefe des Pferdes ist auch aus wissenschaftlicher Sicht vermutlich die Ursache dafür, warum manche Pferde Sprünge besser von einer bestimmten Seite aus meistern und ihre Hinterhand auf einer Hand mehr in die Bahn schieben. In der Tat zeigen neue Forschungsarbeiten, dass Fohlen bereits eindeutig schief sind aber noch keine eindeutige sensorische oder motorische Einseitigkeit, also keinen eindeutigen Vorzug für den Gebrauch eines bestimmten Beines oder der Sinnesorgane einer Seite, zeigen. Das heißt, dass vermutlich die Schiefe die motorische Einseitigkeit, die Händigkeit, bedingt. Die Schiefe ist von Anfang an, die motorische Einseitigkeit entwickelt sich erst im Laufe der Jahre – ähnlich wie beim Menschen.

5.2.2 Motorische Seitigkeit (Händigkeit)

Im Gegensatz zur natürlichen Schiefe wurde die motorische Seitigkeit bei Pferden in der Wissenschaft sehr ausführlich unter die Lupe genommen. Bereits 1949 beobachtete Prof. Grzimek, mit welchem Bein voran Pferde bevorzugt über eine Stange am Boden treten. Und in einer Studie von 2005 (McGreevy und Rogers) wurde untersucht, welches Bein Pferde beim Grasen bevorzugt voranstellen. Dabei kam tatsächlich heraus: Es gibt links, rechts und beidseitig begabte Pferde. Überraschend jedoch ist, dass etwa 45 % der Pferde Linkshänder und nur 10 % Rechtshänder sind und etwa 45 % Beidhänder. Diese Verteilung ist viel gleichmäßiger als zum Beispiel beim Menschen und auch viel gleichmäßiger als der starke Vorzug vieler Pferde für die linke Seite beim Reiten.

Die eindeutigsten Ergebnisse in der Händigkeit der Pferde ergaben die Messungen, welches Bein ein Pferd beim Grasen bevorzugt voranstellt. 45 Prozent der Pferde sind Linkshänder, 10 Prozent Rechtshänder und etwa 45 Prozent Beidhänder.

Motorische Seitigkeit im Training

Tatsächlich fallen auch im Training immer wieder Ungleichheiten auf, die hauptsächlich in der motorischen Einseitigkeit der Pferde begründet sind. Dies betrifft in der Hauptsache die Ausführung von bestimmten Bewegungsabläufen. Zum Beispiel vermag ein untrainiertes Pferd nicht genauso ausdauernd und geschmeidig auf beiden Händen zu galoppieren. Das Erlernen von Lektionen fällt den Pferden auf einer Seite ungleich schwerer. Und auch weit ausgebildete Pferde zeigen oft noch Unterschiede in der Ausführung von Lektionen.

Diese motorischen Seitigkeiten beruhen tatsächlich darauf, dass Pferde genau wie wir Menschen unterschiedlich viel Kraft und Geschicklichkeit in den jeweiligen Körperseiten haben. Zum Beispiel neigen viele Dressurpferde in der Traversale dazu, auf einer Seite die Hinterhand voranzuschieben, auf der anderen jedoch nicht. Diese Ungleichheit hat mit der schlechteren Tragkraft des Hinterbeines auf dieser Seite zu tun. Das Pferd versucht ganz einfach sein stärkeres Bein unter den Körperschwerpunkt zu bringen. Und genau auf den Ausgleich dieser Einhändigkeit sind Trainingslehren im Sport ausgerichtet. Natürlich wäre der ideale Athlet beidhändig, die Natur hat es aber meist anders vorgesehen. Deshalb sollte man mit gezieltem Training am Ausgleich der einseitigen Händigkeit arbeiten. Unterstützt wird dies durch eine die Geraderichtung des Pferdes (SIEHE FN-RICHTLINIEN, BAND 1, DIE SKALA DER AUSBILDUNG) fördernde dressurmäßige Gymnastizierung unter dem Reiter.

5.2.3 Sensorische Seitigkeit

Allerdings ist die Händigkeit nicht die ganze Wahrheit für die Erklärung des Seitenvorzugs der Pferde. Warum sonst kämpfen so viele Pferdebesitzer mit der starken Links-Bevorzugung der Pferde, obwohl es nur etwa 45 % linkshändige gibt? Warum wird generell von links geführt, aufgesessen und voltigiert?

Gewöhnlich wird dies mit althergebrachten Gewohnheiten aus der Kavallerie erklärt, und zwar wegen der Handhabung des Schwertes. Soldaten hängten ihr Schwert immer an ihre linke Seite, um es mit der rechten Hand ziehen zu können. Somit setzten Soldaten ihren linken Fuß in den Steigbügel, um das rechte, freie Bein beim Aufsteigen über den Pferderücken schwingen zu können. Das Schwert wäre beim Aufsteigen von der rechten Seite hinderlich gewesen. Dies ist aber nur ein Erklärungsaspekt.

Seit einigen Jahren wirft die Wissenschaft den Verdacht auf, Pferde seien eventuell vor allem deshalb traditionell immer von links gehandhabt worden, weil die meisten Pferde einen starken Vorzug dafür zeigen, den Menschen mit den linken Sinnesorganen zu betrachten, also dem linken Auge, Ohr und der linken Nüster. Die Ursache wäre also vielmehr die sensorische Einseitigkeit des Pferdes.

Das Gehirn des Pferdes in der Seitenansicht

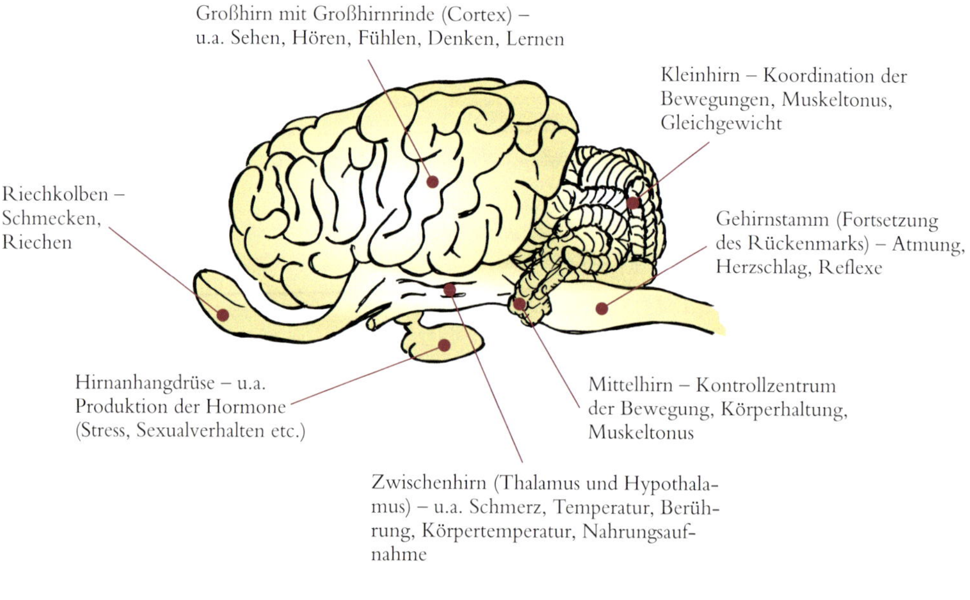

Französische und australische Forscher stellten in Studien in der Tat wiederholt fest, dass Pferde bei der Erkundung neuer Objekte das linke Auge bevorzugen. Hierbei steigt der prozentuale Gebrauch des linken Auges, wenn die Emotionalität der Testsituation steigt. Sprich Pferde, die mit einem Regenschirm erschreckt wurden, bevorzugten das linke Auge stärker als in einer neutralen Situation.
Auch bei der Annäherung an Menschen bevorzugen Pferde das linke Auge. Besonders beeindruckend ist in diesem Zusammenhang die starke Seitigkeit der amerikanischen Mustangs. Tatsächlich lassen sich viele „frisch" eingefangene Mustangs nicht an der rechten Seite anfassen. Die amerikanische Mustang-Adoptionsbehörde trainiert deshalb mit den Mustangs so lange, bis sie sich von beiden Seiten aufhalftern und anfassen lassen. Erst dann werden sie zur Adoption freigegeben.

Abläufe im Gehirn

Der Vorzug für die Sinnesorgane einer Seite hängt mit der Verarbeitung einkommender Informationen in den jeweiligen Gehirnhälften zusammen. Visuelle Eindrücke gelangen vom Auge über die gekreuzten Nervenbahnen des Chiasma Optikum zum Gehirn. Dort werden sie von der Amygdala registriert und zum Teil zum Stammhirn, Hypothalamus, oder zu anderen Bereichen der Temporallappen der Großhirnhälften weitergeschaltet. Auch die Nerven des Gehörs verlaufen zum Großteil zur gegenüberliegenden Gehirnhälfte.

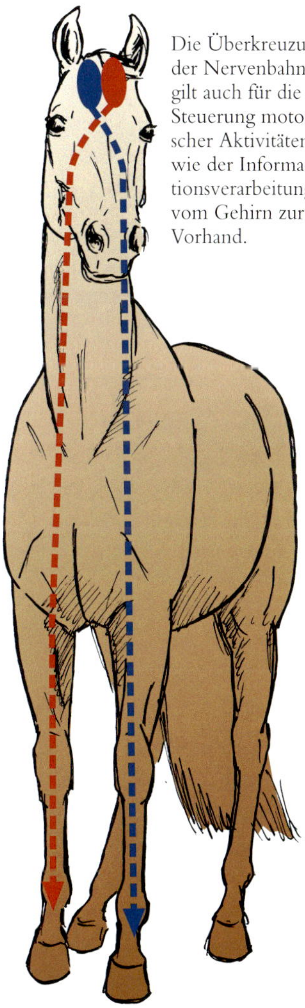

Die Überkreuzung der Nervenbahnen gilt auch für die Steuerung motorischer Aktivitäten, wie der Informationsverarbeitung vom Gehirn zur Vorhand.

Stark vereinfacht werden rationale Entscheidungen und die Sprache beziehungsweise die Kommunikation der Tiere weitgehend in der linken Gehirnhälfte und emotionale Eindrücke in der rechten Gehirnhälfte verarbeitet.

Bedenkt man nun die Überkreuzung der Sehbahnen, so werden visuelle Informationen vom linken Auge bevorzugt in der emotionalen rechten Gehirnhälfte verarbeitet. Informationen, die mit dem rechten Auge aufgenommen werden, gelangen hauptsächlich in die linke, rationale Gehirnhälfte. Ähnlich wie beim Menschen scheint sich die motorische und sensorische Einseitigkeit jedoch erst mit der Entwicklung des Gehirns innerhalb der ersten Lebensjahre eindeutig auszuprägen.
Anscheinend hat die Beobachtung des Menschen für das Pferd emotionalen Charakter. Viele Pferde wechseln in der Betrachtung von Menschen und Gegenständen mehrmals zwischen dem linken und rechten Auge. Dies ist für das Pferd notwendig, um die emotionale Information zu verarbeiten und dann zu einer rationalen Entscheidung zu kommen, wie es handeln sollte. Interessanter-

Zehnmal auf der einen Hand problemlos überall vorbeigegangen und nach dem Handwechsel plötzlich „Gespenster" gesehen – auch das kann mit der sensorischen Seitigkeit zusammenhängen.

weise wird auch für das Lauschen auf kommunikative Geräusche der Artgenossen, zum Beispiel dem Wiehern anderer Pferde, je nach Informationsgehalt des Wieherns ein bestimmtes Ohr bevorzugt und somit die Information in bestimmten Gehirnarealen verarbeitet. Handelt es sich um „normales" Wiehern, wie etwa zur Kontaktaufnahme, so lauschen die Pferde mit dem rechten Ohr und verarbeiten die Geräusche in der linken Gehirnhemisphäre; ist das Wiehern jedoch emotional gefärbt, also zum Beispiel ängstlich oder aggressiv, dann hören Pferde mit dem linken Ohr und verarbeiten die Geräusche in der rechten Gehirnhälfte.

Die Bedeutung der sensorischen Seitigkeit

Wenn sich Pferde weigern, auf der rechten Hand longiert, von der rechten Seite aus angefasst oder gesattelt zu werden oder wenn sie von einer Seite an einem Objekt nicht oder nur ungern vorbeigehen, so ist das keine muskuläre Unausgeglichenheit, kein Ungehorsam und auch keine Bösartigkeit des Pferdes. Es kann ganz einfach nicht anders! Und es hilft auch nichts, wenn der Mensch das Problem über Zwang lösen will. Im Gegenteil, dies würde das Pferd nur darin bestätigen, dass diese „unangenehme" Situation unbedingt im linken Auge behalten werden muss. Die Situation spitzt sich zu, und somit verstärkt sich die sensorische Lateralität – und damit die unerwünschte Reaktion des Pferdes.
Statt Druck auszuüben macht es mehr Sinn, zunächst auf der „Schokoladenseite" zu trainieren und die gefragte Leistung immer wieder nur für kurze Sequenzen auf der „schwierigen Seite" abzufragen. Einerseits verhindert man so eine etwaige motorische Überlastung, anderseits gibt man dem Pferd die Möglichkeit, mit der Situation vertraut zu werden. Die Ungewissheit und Emotionalität der Situation verringern sich dadurch und somit auch das Bedürfnis des Pferdes, die Situation im linken Auge zu behalten.

So beginnt man zum Beispiel mit einem jungen Pferd auf der guten Seite (meist links) mit Boden- oder Longenarbeit, bis es entspannt, locker und losgelassen vorwärtsgeht, und erst dann wechselt man auf die schwierige Seite. Sobald der Eindruck entsteht, dass sich das

Pferd zunehmend verspannt oder unsicher zeigt, wird wieder auf die „gute" Seite gewechselt. Mit der Zeit wird die Leistung, die auf der schwierigen Seite abgefragt werden kann, immer besser.

Unsere alten Meister wussten schon, warum zum Beispiel Pferde in der Kavallerie immer von links gehandhabt wurden. Es kommt dem Pferd einfach entgegen. In einer großen Einheit ließen sich so auch unerfahrene Pferde am geschicktesten integrieren. Auch die Voltigierer profitieren vom Longieren auf der linken Hand. Es wird den meisten Voltigierpferden einfach wesentlich angenehmer sein, wenn die Voltigierer von links auf sie zulaufen und sie den Kommando gebenden Longenführer im linken Auge behalten können.

TIPPS FÜR DIE PRAXIS

- *Prinzipiell ist das Training an der sensorischen Seitigkeit gar nicht so unterschiedlich von dem an der motorischen Seitigkeit, also ein gezieltes, nach und nach aufbauendes Training auf beiden Seiten. Einige Punkte sollten aber zusätzlich beherzigt werden:*
- *Dem Pferd die Möglichkeit der Gewöhnung an den Menschen, an neue Menschen, neue Objekte, neue Lebensräume oder neue Trainingsmethoden geben.*
- *Das Training in kleinen Schritten aufbauen.*
- *Das Pferd möglichst so beidhändig wie möglich zu pflegen, zu reiten und mit ihm umzugehen, zum Beispiel auf beiden Seiten zu führen, zu satteln, zu reiten etc.*
- *Bei aufkommenden Verspannungen und Problemen ruhig vorübergehend auf die „Schokoladenseite" zurückkehren.*
- *Die Arbeit auf der „schwierigen" Seite immer wieder einfordern, aber niemals erzwingen.*
- *Zwischen den Arbeitsphasen immer wieder Ruhe einkehren lassen.*

Seitigkeitstest

Wie lässt sich unterscheiden, ob die Seitigkeit von der Schiefe oder von der motorischen oder sensorischen Seitigkeit ausgelöst wird?

- Ist die Einseitigkeit des Pferdes stark ausgeprägt, wenn es sich aufregt?
- Lässt sich das Pferd bei Aufregung plötzlich nicht mehr oder deutlich schlechter auf der rechten Hand (nur bei wenigen Pferden links) longieren oder anfassen?
- Äußert sich die Seitigkeit auf dem Turnier, in fremder Umgebung oder z.B. beim Verladen stärker?
- Ist die Seitigkeit plötzlich wieder weg, wenn sich das Pferd entspannt, wenn es zum Beispiel ruhig dasteht und abschnaubt oder wieder unter dem Reiter losgelassen geht?
- Betrifft die Seitigkeit alle Bewegungsabläufe?

Können Sie alle oben aufgeführten Punkte mit Ja beantworten, so handelt es sich wohl primär um sensorische Seitigkeit. Können Sie einige Punkte verneinen, wird es sich eher um motorische Seitigkeit, um natürliche Schiefe oder um eine Überlastung handeln.

Prüfungswissen zusammengefasst

- ❑ Dominanz wird in der Verhaltensforschung und Psychologie als höherer sozialer Status verstanden. Dies bedeutet, dass der Mensch im Verhältnis zum Pferd in allen Situationen durch konsequenten Umgang die ranghöhere Position einnehmen muss.
- ❑ Eine ranghöhere Position äußert sich nicht durch ständig dominantes Drangsalieren eines Pferdes, sondern durch souveränes, selbstbewusstes und gegebenenfalls auch „beschützendes" Verhalten.
- ❑ Zwischen Pferden besteht nicht nur eine strenge Hierarchie, sondern es bestehen auch Freundschaften, die oft ein Leben lang halten.
- ❑ Dem gesunden Pferd stehen alle fünf Sinne (Hören, Sehen, Riechen, Schmecken und Fühlen) für die Kommunikation zur Verfügung, wobei Pferde allerdings visuellen Signalen den Vorzug geben.
- ❑ Pferde reagieren intuitiv auf Signale, die ihrer eigenen (Körper-)Sprache entsprechen. Daneben können sie aber auch bei entsprechendem Training nahezu beliebig Signale des Menschen erlernen.
- ❑ Bei der Mensch-Pferd-Interaktion spielt der Tastsinn eine überragende Rolle. Pferde spüren nicht nur eindeutige Berühungen durch den Menschen, sondern auch feinste Veränderung der menschlichen, in diesem Fall reiterlichen, Körperspannung.
- ❑ Soll Bodenarbeit als Vorbereitung auf spätere Reiterhilfen eingesetzt werden, muss man darauf achten, dass das Pferd auf den Berührungsreiz reagiert und nicht auf eine einleitende Körperbewegung.
- ❑ Weil Pferde sehr feine Unterschiede in z.B. Körperhaltung und -position, Stimmlage und Berührungsreizen wahrnehmen, ist es wichtig, für eine erfolgreiche Kommunikation Signale möglichst immer auf die gleiche Weise zu geben oder aber das Signal vorab in den verschiedenen Varianten, die man benutzen möchte, zu trainieren.
- ❑ Da der Mensch permanent via Körpersprache, Stimme sowie Stimmungslagen Signale aussendet, muss er sich dieser bewusst sein und sie möglichst kontrollieren können, um das Pferd nicht zu verunsichern oder sonst eine ungewollte Reaktion des Pferdes hervorzurufen.
- ❑ Für die Bodenarbeit gibt es vielfältige Kombinationen von Körperhaltung, Bewegungen, Blickführung und Gestik.
- ❑ Seitigkeit (Lateralität) ist nicht nur auf der Ebene der Körperbewegungen zu finden, sondern ist auch im Gehirn tief verankert.
- ❑ Lateralität entsteht durch die natürliche Schiefe, die motorische Seitigkeit (Händigkeit) sowie die sensorische Seitigkeit.
- ❑ Die natürliche Schiefe beschreibt die körperliche Schiefe eines Tieres. Viele Pferde haben eine sogenannte „hohle Seite", bei der die Rumpfmuskulatur leicht verkürzt ist.
- ❑ Die motorische Seitigkeit entspricht der Händigkeit des Menschen, also dem Vorzug für eine Hand, einen Fuß oder ein Bein für das Ausführen bestimmter Bewegungsabläufe.

- ❑ Unter der sensorischen Seitigkeit versteht man das Phänomen, dass Tiere und Menschen Dinge und Situationen bevorzugt mit den Sinnesorganen einer Seite betrachten. So zeigen die meisten Pferde einen Vorzug für das linke Auge beim Betrachten von unbekannten Objekten und Menschen.
- ❑ Bei der Überkreuzung der Sehbahnen werden visuelle Informationen vom linken Auge bevorzugt in der emotionalen rechten Gehirnhälfte verarbeitet.

KAPITEL 6

BODENARBEIT – GRUNDSÄTZE, BESONDERHEITEN, AUSBILDUNG

Gesamtes Kapitel ist Prüfungswissen

6.1 Allgemeine Grundlagen

Die Ausbildung von Pferden vom Boden aus hat eine lange Tradition bei der Erziehung von Pferden. Sie wurde bereits ansatzweise in der Heeresdienstvorschrift 12, dem Vorläufer der heutigen FN-Richtlinien, beschrieben (Kapitel „Bearbeitung des Pferdes ohne Reiter") und gehörte bei der Schulung junger Pferde (Remonten) und Reitanfänger genauso zur Grundausbildung wie die planmäßige Gymnastizierung unter dem Sattel. Auch bei der berittenen Polizei sowie in der Western- und Islandpferdereitweise oder der Freizeitreiterbewegung wird Bodenarbeit intensiv gepflegt, Arbeit vom Boden aus in Form von „Arbeit an der Hand" auch in der klassischen Dressurausbildung der Hofreitschulen.

Für junge Pferde in der Basisausbildung ist eine gute Kommunikation mit dem Menschen Voraussetzung für den Aufbau einer stabilen Beziehung und einer vertrauensvollen Zusammenarbeit. Erste Schritte dafür sind eine gründliche und konsequente Erziehung vom Boden aus und generell das Erlernen „guter Manieren" beispielsweise bei der täglichen Pflege sowie beim Führen, Anbinden oder Verladen. Für Reiter, Fahrer und Voltigierer ist das Erlernen der Grundtechniken im Umgang, besonders des richtigen Führens, sowie des Anlegens der Ausrüstung Voraussetzung für einen sicheren und pferdeschonenden Sport.

- Beim Führtraining des Pferdes an der Hand werden Gehorsam und eine feine Kommunikation zwischen Mensch und Tier mit den Grundtechniken Geradeausführen in reguliertem Tempo, Anhalten, Stillstehen, Rückwärtstreten, seitliches Weichen sowie Führen auf gebogenen Linien eingeübt.
- Die Arbeit über Stangen beim Geschicklichkeitstraining fördert neben dem gegenseitigen Verstehen und Vertrauen die Raumlagewahrnehmung, die Koordination, das Selbstvertrauen und das Gleichgewicht des Pferdes.

Führtraining an der Hand gehört zur klassischen Bodenarbeit. Die Schlaufen des Bodenarbeitsseils sollten allerdings in der linken Hand gehalten werden.

- Durch Gelassenheitstraining mit Schreckhindernissen lernen Mensch und Pferd, besser mit möglichen Gefahrensituationen umzugehen. Über die Gewöhnung (SIEHE KAP. 4, S. 66) an bestimmte Schreckreize wird die Gefahr einer Fluchtreaktion, etwa Wegstürmen, verringert.
- Das bessere Verstehen des Pferdeverhaltens verbessert außerdem die Kommunikation und fördert das Vertrauen zwischen Mensch und Pferd. Dadurch werden letztlich auch andere, vorher nicht trainierte, aber beim Pferd Angst auslösende Situationen leichter beherrschbar und sicherer.

6.1.1 Bodenarbeit und Reiten

Die Frage, was Bodenarbeit dem Reiter bringt und was sie mit Reiten überhaupt zu tun hat, lässt sich recht eindeutig beantworten. Bodenarbeit bietet sich hier aus ganz unterschiedlichen Gründen an:

- Erziehung des jungen Pferdes, Erlernen der Signalsprache am Boden, Übertragung auf die Hilfengebung beim Anreiten. So kann das Pferd zunächst die Stimmsignale für Schritt, Trab und Anhalten bei der Bodenarbeit kennenlernen und nach dem Aufsitzen auf die vertrauten Kommandos hin dirigiert werden und die reiterlichen Gewichts-, Schenkel- und Zügelhilfen damit in Verbindung bringen und erlernen.
- Unterstützung beim Erlernen und Vervollkommnen von klassischen Dressurlektionen wie Rückwärtsrichten, Vorhandwendung, Schenkelweichen.
- Heranführen von Anfängern an den Umgang mit dem Pferd, Erarbeiten einer guten Kommunikation sowie Erlernen eines selbstbewussten und konsequenten Umganges mit dem Pferd als Grundvoraussetzung für den Umgang am Boden und Übertragung dieser Beziehung zum Pferd auf das Reiten.
- Verstehen einer Übung – danach Übertragen auf das Reiten. So kann z.B. das Zusammenwirken von vorwärts- und seitwärtstreibenden Schenkelhilfen beim Schenkelweichen zunächst über entsprechendes Berühren bzw. Touchieren mit der Gerte bei der Bodenarbeit verstanden und erlernt werden, dann mit Unterstützung einer Fachkraft vom Boden aus unter dem Sattel geübt und am Ende selbstständig geritten werden.
- Bodenarbeit kann gut während eines Trainings dazwischengeschoben werden, z.B. um Pferd und Reiter zu entspannen oder um in einer konfliktgeladenen Situation eine beim Reiten problematische Übung wie Rückwärtsrichten oder Schenkelweichen zunächst wieder vom Boden aus zu üben und hinterher erneut unter dem Reiter abzufragen.
- Wenn das Pferd im Gelände an einem unbekannten Gegenstand nicht vorbeigehen will, kann das Vorbeiführen die Situation entschärfen. Der Reiter muss nicht befürchten, dass ein Absitzen als Nachgeben bzw. Zurückstecken interpretiert wird und nach dem Wiederaufsitzen zu Problemen beim Reiten führt. Das Pferd muss allerdings trainiert sein, beim Aufsitzen sicher stehen zu bleiben – auch wenn es erregt ist.
- Optische Hilfsmittel in Kombination mit Bodenarbeit kann Reitern mit Wahrnehmungsstörungen oder Verständnisschwierigkeiten helfen, eine Aufgabe zu verstehen. So kann ein Trailparcours zunächst vom Boden aus eingeübt und anschließend geritten werden (z.B. Halten zwischen zwei Stangen, Schlangenlinie um Kegel, mehrfarbige Kegeltore).

- Durch die Kombination von Bodenarbeitsübungen mit anschließendem Reiten lassen sich abwechslungsreiche Trainingseinheiten zusammenstellen, die Reiter und Pferd viel Freude bereiten und zugleich das Erlernen neuer Aufgaben erleichtern. Die insgesamt rund 20 bis 30 Minuten vor und nach dem Reiten bieten sich optimal für Bodenarbeit an – entweder um den Reiter gemeinsam mit dem Pferd aufzuwärmen und auf die Arbeit einzustimmen oder aber nach der Arbeit beim Trockenführen das Training entspannt ausklingen zu lassen. Wegen der Praktikabilität ist es sinnvoll, in diesem Fall mit Trense zu führen. Besonders gut für kombinierte Stunden von Bodenarbeit mit Reiten eignen sich Schenkelweichen, Wendungen um die Vorhand und um die Hinterhand, Rückwärtstreten-Lassen, Slalom um Pylonen, Stangen-L, Sackgasse und Stangenlabyrinth.

Erst die Stangen in der Bodenarbeit nutzen, anschließend beim Reiten einsetzen – so lässt sich beides kombinieren.

6.1.2 Was zur Bodenarbeit gehört

Zur Bodenarbeit gehören neben dem täglichen Umgang mit dem Pferd im weitesten Sinne eine ganze Reihe von Ausbildungsinhalten wie:

- geführte Bodenarbeit „im engeren Sinne",
- Freiarbeit,
- seillose Bodenarbeit,
- Longieren (außerdem Arbeit an der Doppellonge und am Langzügel).

Darüber hinaus gibt es noch die Arbeit an der Hand (Handarbeit) als Unterstützung zum Erlernen schwerer Lektionen wie Piaffe oder Passage sowie die Zirkusarbeit. Die Arbeit an der Hand erfordert aber bereits ein hohes Maß an theoretischem Wissen um die Zusammenhänge dressurmäßiger Ausbildung sowie auch an reiterlichem Können und wird deshalb in diesem Buch nicht thematisiert, ebenso wenig wie die Zirkusarbeit.

Der Begriff „Bodenarbeit" wird im Folgenden im engeren Sinne für den täglichen Umgang mit dem Pferd sowie für die Arbeit mit dem an Halfter, Knotenhalfter, Kappzaum oder Trense mit Führstrick oder Zügeln, Bodenarbeitsseil (auch Leitseil genannt), Kurzlonge oder Longe geführten Pferd verwandt. In diesem Buch wird neben der Bodenarbeit im Alltag sowie der geführten Bodenarbeit auch die Freiarbeit sowie die seillose Bodenarbeit als eine Möglichkeit der Weiterbildung (Abzeichen Bodenarbeit Weiterbildungskurs) kurz beschrieben.

6.2 Bodenarbeit im Alltag

Die Arbeit mit dem Pferd vom Boden sollte so früh wie möglich beginnen, denn sie ist wichtiger Teil des Umgangs mit dem Pferd (siehe auch FN-Buch „Basispass Pferdekunde"). Schon das Fohlen sollte sich berühren, aufhalftern, führen und später auch pflegen und putzen lassen. Je besser bereits das junge Pferd in den Situationen des Alltags erzogen ist, desto einfacher und sicherer gestaltet sich das Handling auch in eventuell auftretenden schwierigen Situationen wie tierärztliche Untersuchung, Schmiedbesuch, Verladen oder auch Anreiten. Doch auch im Umgang mit ausgewachsenen Pferden sollten gewisse Grundsätze beachtet werden.

6.2.1 Ansprechen und Annähern

Der erste Kontakt zwischen Mensch und Pferd entsteht im Allgemeinen, wenn der Mensch auf das Pferd zugeht, um es zu streicheln, ihm das Halfter anzulegen oder sonst wie Kontakt aufzunehmen. Dazu sollte das Pferd zunächst verbal angesprochen werden. Damit wird vermieden, dass sich das vielleicht gerade dösende Tier erschreckt und mit Flucht oder Abwehr reagiert. Der Tonfall des Menschen sollte dabei freundlich und bestimmt sein, nicht zu laut, aber auch nicht zu leise.

Hat der Mensch die Aufmerksamkeit des Pferdes erlangt, kann er an dessen Mimik die Stimmungslage ablesen und sich nähern. Dies sollte möglichst von schrägvorn geschehen, damit der Mensch vom Pferd gut gesehen und somit nicht als Bedrohung angesehen wird. Die Körperhaltung ist dabei aufrecht, ohne verspannt zu sein, die Bewegungen ruhig und gelassen (SIEHE KAP. 5, S. 89), aber nicht zögerlich. Das Vorstrecken einer flach ausgestreckten Hand kann dem Pferd die erste Kontaktaufnahme erleichtern, da man in dieser Haltung eine größere (Wohlfühl-)Distanz zum Pferd einhalten kann und ihm trotzdem ermöglicht, über Beschnuppern den Geruch des Menschen in Ruhe aufnehmen zu können. Nähert sich das Pferd oder bleibt es abwartend stehen, sollte sich der Mensch seitlich etwa neben Pferdekopf oder -hals stellen und es streicheln. Über diesen Berührungsreiz wird die Kontaktaufnahme vervollständigt.

Ein schon gut erzogenes und an Menschen gewöhntes Pferd dreht sich bereits auf den Zuruf des Menschen in dessen Richtung, kommt ihm ruhig entgegen oder bleibt, je nach Wunsch, mit Blickrichtung zum Menschen abwartend stehen.

6.2.2 Aufhalftern

Im nächsten Schritt käme das Anlegen des Halfters. Dabei steht der Mensch seitlich mit Blickrichtung nach vorn auf der linken Seite des Pferdes. Je nach Halfter unterscheidet sich nun das Vorgehen:

- Bei einem nach oben geschlossenen Halfter, bei dem zum Reinschlüpfen nur der Kehlriemen geöffnet werden muss, nimmt man das Halfter so in beide Hände, dass es „offen" ist und über die Pferdenase gestülpt werden kann. Anschließend gleiten beide Hände nach oben und ziehen das Genickstück des Halfters hinter die Pferdeohren. Zum Schließen wird der Kehlriemen eingehakt (1).

- Bei Halftern, deren Genickstück geöffnet ist, wird das Halfter so vor den Pferdekopf gehalten, dass das Pferd die Nase hineinsenken kann. Mit der rechten Hand wird der Genickriemen übers Genick gelegt und in die Schnalle geführt (2).

Beim Aufhalftern (und später auch beim Auftrensen) soll das Pferd ruhig neben dem Menschen stehen bleiben und den Kopf leicht senken. Um das Aufhalftern und später auch das Auftrensen vor allem auch für kleinere Menschen zu erleichtern, ist es sinnvoll, dem Pferd das Senken des Kopfes beizubringen, das später auch bei der geführten Bodenarbeit in entspannter Fortbewegung gezeigt werden soll. Durch die Übung „Kopfsenken" kann das Pferd dazu gebracht werden, diese Haltung auf Kommando hin einzunehmen.

Das Kopfsenken lässt sich durch leichte, abwärtsweisende Einwirkung am Strick und anschließendes Nachgeben erreichen, wobei sich hier ein Knotenhalfter oder ein Halfter mit Führkette besonders eignen. Tut sich das Pferd mit der erwünschten Reaktion noch schwer, kann es helfen, es zunächst an der Hand zu arbeiten, mit Dreieckszügel zu longieren oder aber durchs Genick zu reiten. Wichtig ist, wie bei allen Bodenübungen, eine ruhige Arbeitsatmosphäre; äußere Ablenkungen veranlassen das Fluchttier Pferd, sich durch Heben des Kopfes einen Überblick über die mögliche Gefahr zu verschaffen.

Wurde das „Kopfsenken" auf Signal antrainiert, lässt es sich neben dem Aufhalftern/Auftrensen auch gut anwenden, wenn sich das Pferd beim Führen aufregt, heraushebt und verspannt. Es fördert die Losgelassenheit und damit die raumgreifende, taktreine Bewegung.

Signalgebung zum „Kopfsenken"

- ➤ An Halfter/Führkette immer wieder kurz und „gummibandartig" leichten Zug nach unten ausüben.
- ➤ Genick mit Hand massieren bzw. mit Hand am Mähnenkamm entlang bis zum Genick massieren, wiederkehrender Druck auf Genick.
- ➤ Stimmsignal (beliebig wählbar, z.B. „runter", „Kopf", „down" o.Ä.)

6.2.3 *Führen*

Das Herausführen des Pferdes aus der Box zum Putz- oder Sattelplatz geschieht aus Sicherheitsgründen immer mit einem Strick, der im unteren Halfterring eingehakt wird. Sollte sich das Pferd einmal erschrecken und den Kopf hochreißen oder sich umdrehen wollen, wäre eine Einwirkung ohne Strick kaum noch möglich. Außerdem steigt ohne Strick das Verletzungsrisiko, wenn das Pferd bei einer heftigen Schreckbewegung dem Führenden den Arm nach hinten reißt. Der Strick – auf kurzen Wegen auf der Stallgasse von der Box zum Anbindehaken reicht ein kürzerer Anbindestrick, auf weiteren Wegen oder im Außengelände sollte ein längerer Führstrick gewählt werden – ermöglicht dagegen einen größeren Aktionsradius des Führenden und dient somit der Sicherheit von Mensch und Pferd. **Ein Pferd sollte nie ohne Strick am bloßen Halfter geführt werden. Auch das liebste Pferd kann sich erschrecken und losreißen! Der Strick darf auch niemals um die Hand gewickelt werden!**

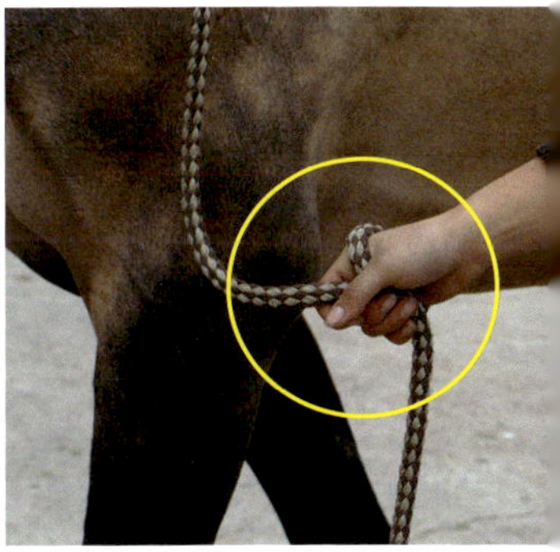

WICHTIG: NIEMALS den Strick um die Hand wickeln!

Auch beim Hereinführen in die Box sind ein paar Regeln zu beachten. Am sichersten ist es, mit dem Pferd am Strick die Box zu betreten. Dabei geht der Mensch vor und lässt das Pferd folgen. In der Box wird das Pferd zur Tür umgedreht, bevor das Halfter abgenommen wird und der Mensch die Box wieder verlässt. Drängeln des Pferdes oder Hineinstürmen in die Box muss sofort unterbunden werden. Neigt das Pferd zu diesem Verhalten, ist ein explizites Führtraining (SIEHE S. 109 FF.) zur Unfallvermeidung und Rangklärung dringend angeraten. Auch das Abnehmen von Halfter oder Trense vor der Box kann zu ungewollten Aktionen des Pferdes und zu Unfällen führen.

6.2.4 *Anbinden*

Das Anbinden eines Pferdes gehört zu den täglichen Erfordernissen im Umgang, da nur so gefahrlos und stressfrei geputzt, gesattelt, beschlagen oder behandelt werden kann. Das Pferd als Flucht- und Herdentier muss dieses Angebundensein aber erst erlernen. Werden hierbei Fehler gemacht, können diese zu plötzlichen und explosiven Abwehrreaktionen und damit auch zu nachhaltigen Anbinde-Problemen des Pferdes führen.

Angebunden wird mittels eines Anbindestricks, der am Halfter mit einem sogenannten Panikhaken befestigt wird. Dieser spezielle Haken lässt sich in Gefahrensituationen (z.B. Aufhängen des Pferdes am Strick) mit einem Handgriff

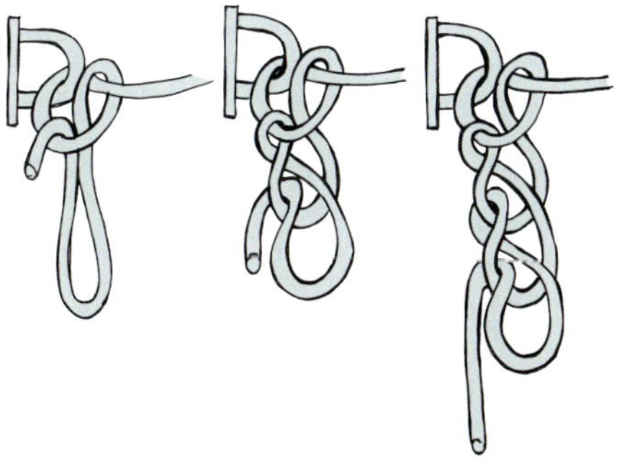

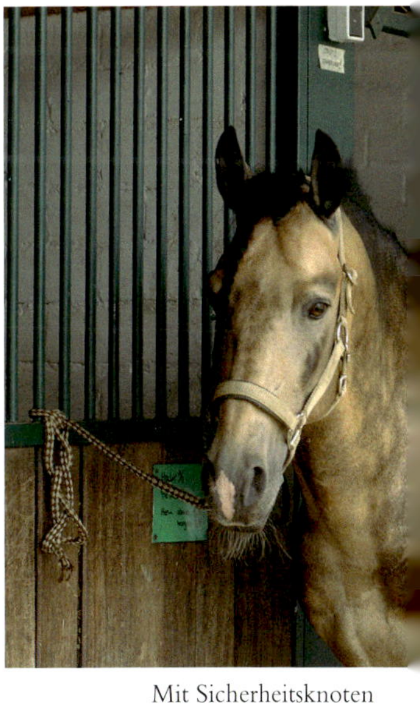

Mit Sicherheitsknoten angebundenes Pferd

lösen. Das andere Strickende wird etwa in Schulterhöhe nicht zu kurz und nicht zu lang (etwa 60 bis 80 cm) an einer massiven Anbindemöglichkeit (fest in der Wand verankerte Anbinderinge, haltbare Anbindebalken, massive Boxenwandgitter) mit einem Sicherheitsknoten befestigt. Auch dieser Knoten ist so gebunden, dass er im Notfall mit einem Handgriff gelöst werden kann.
Alternativ zum Anbinden mit einem Strick gibt es noch das beidseitige Anbinden, bei dem jeweils ein Strick in den seitlichen Halfterring rechts und links eingehakt und dann rechts und links angebunden wird. Auf diese Weise kann ein ungewolltes Herumtreten des Pferdes verhindert werden.

Am besten ist es natürlich, dass das Pferd im Vorfeld über entsprechende Bodenarbeitsübungen wie Stillstehen und Gelassenheitstraining das ruhige Stehen schon geübt und verinnerlicht hat. Die Neigung, sich nach rückwärts in den Strick zu hängen oder hin und her zu tänzeln, ist dann meist deutlich geringer.

6.2.5 Putzen/Pflegen

Die Pflege und das Putzen des Pferdes dienen nicht nur der Sauberkeit, sondern auch der Erziehung, der Vertrauensschulung und der Gesundheitskontrolle. Auch beim Putzen soll das Pferd gelassen stehen bleiben, die Pflegetätigkeiten des Menschen ruhig über sich ergehen lassen und gehorsam die Hufe geben. Die taktilen Reize durch das Putzen und Bürsten gewöhnen das Pferd daran, an allen Stellen des Körpers berührt zu werden. Auf diese Weise lernt es nicht nur die Berührungen kennen und zu akzeptieren, auch der Mensch lernt, welche Berührungen dem Pferd gefallen und welche es eher mit Unwille oder Abwehr quittiert. Derartige Reaktionen könnten Hinweise auf schmerzhafte Muskelverspannungen sein, die vielleicht von einem nicht passenden Sattel oder fehlerhaftem Reiten verursacht sind. Auch Veränderungen an der Haut oder Schwellungen an den Beinen lassen sich bei der täglichen Pflege schnell erkennen.
Die genaue Beobachtung des Pferdes bei der Pflege schult das menschliche Auge für die Bedürfnisse und das Verhalten des Pferdes und kann so auch bereits Grundlage sein für eine bessere Einwirkung bei der geführten und später auch bei der seillosen Bodenarbeit.

6.2.6 Das angebundene Pferd zur Seite weichen lassen

Im täglichen Umgang braucht man es, bei der Bodenarbeit und beim Reiten ebenso: das (Aus-)Weichen des Pferdes. Ganz gleich ob man sich dem Pferd von vorn oder von hinten nähert, es soll auf Aufforderung umgehend zur Seite treten und „Platz machen". Im Herdenverband – und damit auch beim Umgang mit dem Menschen – ist dies ein Zeichen von Unterordnung gegenüber einem ranghöheren Herden- bzw. Gruppenmitglied. Beim täglichen Umgang mit dem Pferd ist es somit eine Erziehungsmaßnahme zur Aufrechterhaltung der Beziehungsstruktur, daneben hat es aber auch einen ganz praktischen Aspekt. Das angebundene Pferd soll zur Seite ausweichen, wenn der Mensch zum Beispiel beim Putzen von der einen auf die andere Seite wechselt oder aber auf der Stallgasse am Pferd vorbeigehen möchte.

Vorgehensweise: Das seitliche Weichen lässt sich am besten zunächst mit Blickrichtung zur Kruppe durchführen. Der Mensch steht dabei etwa in Bauchhöhe neben dem Pferd, berührt es am Rumpf in Höhe der Gurtlage oder am Oberschenkel leicht mit seiner Hand und gibt dazu ein kurzes, aufforderndes Stimmkommando wie „rum". Reagiert das Pferd nicht wie gewünscht, wird die Einwirkung mit der Hand wiederholt und gegebenenfalls verstärkt. Dabei soll das Pferd aber nicht herumgeschoben, sondern mit einem oder auch mehreren kurzen Berührungssignalen zum Herumtreten aufgefordert werden. Ähnlich funktionieren später auch die seitwärtstreibenden Schenkelhilfen, die nicht quetschend, sondern ebenfalls impulsartig gegeben werden. Helfen kann auch, den Kopf des Pferdes ein wenig nach innen (entgegen der Bewegungsrichtung) zu stellen, um das Weichen einzuleiten.
Hat das Pferd den Zusammenhang von Berührungsreiz und Stimme erfolgreich verknüpft und verstanden, kann versucht werden, ausschließlich mit Stimmkommando zu arbeiten. Das hat den Vorteil, dass das Pferd auch bei einer Annäherung des Menschen von hinten auf engem Raum (z.B. beim Passieren auf der Stallgasse) auf dieses Kommando mit Weichen reagiert, ohne dass es riskant berührt werden muss.

6.2.7 Passieren anderer Pferde

Das Passieren, also das Vorbeiführen eines Pferdes an anderen, kann vor allem in schmalen Stallgassen oder auf engen Wegen zu Problemen führen. Diese können entstehen, weil die Individualdistanz zwischen zwei Pferden aufgrund der räumlichen Enge nicht eingehalten werden kann, weil sich zwei Pferde nicht mögen oder weil das angebundene Pferd vielleicht gedöst hat und beim Nähern des anderen vor Schreck auskeilt. Aus diesem Grund ist es wichtig, sich der möglichen Schwierigkeiten bewusst zu sein und entsprechend vorbeugend zu agieren. Dazu gehört:

- Das deutlich vernehmbare Ansprechen des einseitig angebundenen Pferdes (nicht flüstern!)
- Nähert man sich dem angebundenen Pferd von vorn, sollte man es zunächst mit einem Stimmkommando zum seitlichen Herumtreten auffordern. Gelingt dies nicht, tritt man an das Pferd heran und wiederholt die Aufforderung durch Berührung mit der Hand. Reagiert das Pferd dennoch nicht, sollte eine Hilfsperson hinzugezogen werden. Wichtig ist dabei, die Pferde nicht aneinander schnuppern zu lassen, da es auch hier bereits zu Abwehrreaktionen (Quietschen, mit den Vorderbeinen ausschlagen u.Ä.) kommen kann.
- Tritt das angesprochene Pferd zur Seite, führt man sein Pferd zügig vorüber und hält dabei beide Pferde im Blick. Das Wissen um die Körpersprache der Pferde (Ohren anlegen, plötzliches Halsvorstrecken, drohendes Anheben eines Hinterhufs) ist hier für die Einschätzung einer eventuell riskanten Situation besonders wichtig!
- Nähert man sich dem angebundenen Pferd von hinten, muss dieses zunächst ebenfalls laut angesprochen werden, um ein Erschrecken zu vermeiden. Reagiert das Pferd nicht mit Herumtreten, sollte man sicherheitshalber eine Hilfsperson dazuholen, die das angebundene Pferd kontrolliert. Auch zum Passieren von Pferden, die auf beiden Seiten angebunden sind, sollte ein Helfer hinzugezogen werden.

- Werden zwei Pferde aneinander vorbeigeführt, sollte, wenn möglich, ein ausreichender Sicherheitsabstand eingehalten werden. Ist dies aus Platzmangel nicht möglich, müssen die Pferde zügig nach vorn geführt werden.

6.2.8 Zur Weide/zum Paddock führen

Eine besonders wichtige, weil unfallträchtige Alltagsaktion, die eine klare Erziehung und Kontrolle durch den Menschen erfordert, ist das Führen des Pferdes zur Weide oder zum Paddock. Manche Pferde reagieren angesichts des verlockenden Freilaufs ungestüm und übermütig und lassen sich schlecht oder kaum regulieren. Eine konsequente Einwirkung des Menschen, verbunden mit ein paar grundsätzlichen Regeln, kann sogar lebenswichtig sein:

- Sicheres Führen und Anhalten als Grundvoraussetzung trainieren (SIEHE S. 131)
- Nicht mit Anbindestrick führen, sondern mit Führstrick oder Führkette; gegebenenfalls Knotenhalfter.
- Heftige Pferde am besten vor oder hinter einem ruhigen Pferd zur Weide/zum Paddock führen.
- Nach Betreten der Weide/des Paddocks das Pferd grundsätzlich erst anhalten, dann umdrehen (Kopf Richtung Ausgang).
- Beim Lösen des Stricks zurücktreten und das Pferd im Auge behalten (es könnte im Überschwang der Begeisterung losbuckeln und ausschlagen).

Eine solche Situation kann für den Menschen lebensgefährlich sein. Deshalb: Das Pferd vor dem Loslassen immer erst umdrehen!

6.2.9 Betreten einer Weide/eines Offenstalls

Ranghohe Pferde einer Gruppe können unerfahrenen Menschen, die sie für rangnieder einschätzen, schon mal sehr dominant gegenübertreten.

Die Haltung von Pferden im Offenstall ist heutzutage verbreiteter als noch vor einigen Jahren. Die Pferde befinden sich bei dieser Haltungsform in der Gruppe auf der Weide oder auf großen Paddocks und müssen zum Reiten aus der Gruppe herausgenommen werden. Dabei kann das Betreten einer Weide oder eines Offenstalls mit mehreren Pferden für den Menschen unter Umständen problematisch werden. Eine gute Kenntnis

der Gruppe sowie ein selbstsicheres und souveränes Verhalten des Menschen sind immens wichtig, um nicht von den Pferden angerempelt, umgerannt oder sogar getreten zu werden. Menschen mit wenig Pferdeerfahrung und Kinder sollten deshalb ohne Begleitung eines erfahrenen Pferdemenschen nicht versuchen, in solche Pferdegruppen hineinzugehen (SIEHE AUCH KAP. 2, S. 23)!
Auch der pferdeerfahrene Mensch sollte sich im Vorfeld darüber informieren, welches Pferd das ranghöchste der Gruppe ist, und sich zunächst diesem Pferd selbstbewusst nähern und Kontakt aufnehmen. Wird er von diesem Pferd als ranghöher akzeptiert, wird es meist nicht zu Problemen kommen.

6.3 Geführte Bodenarbeit

6.3.1 Grundsätze

Zwischen der Erziehung im Umgang mit dem Pferd und dem Bodenarbeitstraining besteht ein enger Zusammenhang: Wenn einerseits die „guten Manieren" bereits im tagtäglichen Umgang gefestigt sind, ist eine gute Basis vorhanden, um die Übungen der Bodenarbeit zügig und erfolgreich zu erlernen. Die bei der geführten Bodenarbeit geübten neuen Verhaltensmuster führen andererseits dazu, dass sich das Pferd gehorsam führen und dabei im Tempo kontrollieren und anhalten sowie den Menschen, wenn erforderlich, vorangehen lässt, sich am Anbindeplatz nicht unkontrolliert umdreht, den Menschen nicht zur Seite drängt und beim Gang zur Weide gehorsam abwartet, bis es freigelassen wird.
Probleme, die beim täglichen Umgang eventuell vorhanden sind, lassen sich durch geführtes Bodenarbeitstraining meist nachhaltig verbessern. Für Schulpferde oder Therapiepferde ist geführte Bodenarbeit von ganz besonderer Bedeutung, um den Gehorsam, die Beeinflussbarkeit des Pferdes durch den Ausbilder vom Boden aus und damit die Sicherheit allgemein zu verbessern.

6.3.2 Zielsetzung

Das Ziel der geführten Bodenarbeit ist ein aufmerksames, ruhiges und gehorsames Pferd. Das Pferd soll bei den meisten Übungen über Körpersprache, Stimme mit leicht durchhängendem Strick beziehungsweise leichten Impulsen über Strick, Bodenarbeitsseil oder Zügel aufmerksam, taktrein und losgelassen mitgehen und deutlich erkennbar willig mitarbeiten.

Am sichersten ist eine Position des Führenden neben dem Hals oder etwa in Höhe der Schulter des Pferdes. Das Pferd soll die Übungen entspannt und zufrieden absolvieren. Die entspannte Grundstimmung ist an einem ruhigen Gesichtsausdruck (Nase, Augen, Ohren) sowie einem gesenkten Hals und bei nicht zu hoher Körperspannung erkennbar. Das Pferd sollte gehorsam und ohne zeitliche Verzögerung auf möglichst feine Signale des Führenden reagieren.

6.3.3 *Ort und Ausrüstung*

Eingegrenztes Areal

Das Bodenarbeitstraining sollte auf einem eingegrenzten Areal stattfinden, wie einem umzäunten Reitplatz oder einer Reithalle. Die Anzahl der Pferde, die miteinander am Boden gearbeitet werden, muss der jeweiligen Situation angepasst sein. Bei jungen oder schwer kontrollierbaren Pferden und/oder unerfahrenen Führenden sollte die Gruppe nicht zu groß sein.

Die Ausrüstung für die Bodenarbeit sollte jeweils von den individuellen Rahmenbedingungen abhängig gemacht werden: Wie zuverlässig und gehorsam ist das Pferd? Welche Ausrüstung hat sich bereits bewährt? Wie sind die Einwirkungsmöglichkeiten und Erfahrungen des Menschen? Welche Aufgabe ist zu bewältigen?

Ausrüstung

Sie muss so gewählt werden, dass ein sicheres Einwirken des Menschen auf das Pferd möglich ist. In besonderen Problemfällen kann die Verwendung einer Trense oder eines Halfters mit Führkette zweckmäßig sein, um eine gezielte Einwirkung gewährleisten zu können. Später reichen dann meist ein einfaches Halfter oder ein Knotenhalfter und nahezu unsichtbare Signale aus, um ein Pferd beispielsweise im Tempo zu regulieren. Die Ausrüstung kann also mit Veränderung der Aufgabenstellung bzw. mit dem Fortschritt bei der Bodenarbeit abgewandelt werden. Das Führen auf Trense ist darüber hinaus ab Reitabzeichen 7 Pflicht.

BANDAGEN, GAMASCHEN

Zumindest beim Training mit Stangen und Schreckhindernissen wird empfohlen, dem Pferd Bandagen oder Gamaschen anzulegen.

Bei der Bodenarbeit kommen unterschiedliche Seile, Halfter oder Peitschen zum Einsatz.

Halfter, Knotenhalfter, Halfter mit Führkette

Sämtliche Halftervarianten müssen bei der Bodenarbeit gut passen und relativ eng sitzen. Die senkrecht verlaufenden Backenstücke dürfen nicht zu nah am Auge liegen, damit sich das Pferd nicht verletzt, wenn es unkontrolliert zur Seite springt. Der Kehlriemen darf den Kehlgang auch bei abgesenktem Kopf nicht einengen. Gut geeignet sind am Kinn und am Genickstück zweifach verschnallbare Halfter. Der Nasenriemen sollte ähnlich wie bei einem englischen Reithalfter etwa zwei Fingerbreit unterhalb des Jochbeines liegen und nur so verschnallt werden, dass das Pferd noch gut kauen kann.

Knotenhalfer aus dünnem Seilmaterial eignen sich besonders gut für die Bodenarbeit, da sie der Kopfform individuell angepasst werden können und durch die schmalere Auflage auf dem Nasenbein außerdem eine präzisere Wirkung auf den Nasenrücken des Pferdes ermöglichen. Dies lässt eine stärkere Kontrolle als ein einfaches Stallhalfter zu.

WICHTIG: Am Knotenhalfter darf man ein Pferd nie anbinden, da es schärfer wirkt als herkömmliche Stallhalfter und im Falle eines plötzlichen Zurückschrecken des Pferdes zu schmerzhaften Verletzungen führen kann!

Anpassen eines Knotenhalfters:

- Nasenteil etwa 2–3 Finger breit unter dem Jochbein, auf keinen Fall zu tief, da es sonst zu weit unten auf dem Nasenbein sitzt und es zu Verletzungen kommen kann.
- Knoten nicht auf dem Nasenbein!
- Knoten wirken durch Verdickung zuerst an neuralgischen Stellen punktgenau – so können feine Impulse gegeben werden.
- Nasenteil nicht zu eng einstellen, etwa eine Handbreit zwischen Halfter und Nasenrücken, das Pferd muss gähnen, kauen etc. können.
- An den Ganaschen nicht zu lose einstellen, aber auch nicht so eng, dass die Ganaschenfreiheit eingeschränkt wird.
- Knotenhalfter immer mit Doppelknoten schließen.
- Hochwertiges Material ist empfehlenswert, bei minderwertigem Material verziehen sich die Knoten mit der Zeit. Am besten passen maßgefertigte bzw. individuell angepasste Knotenhalfter.

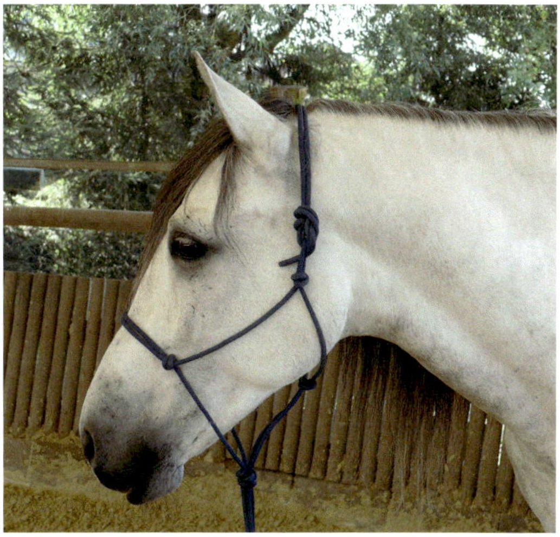
Korrekt angelegtes Knotenhalfter

Auch bei eher heftigen Pferden kann das Knotenhalfter gute Dienste leisten, da es präziser wirkt als einfache Halfter. Reicht es im Einzelfall (bei sehr heftigen Pferden) trotzdem nicht aus, ermöglicht auch die Verwendung einer Führkette, eingehakt in ein herkömmliches Halfter und über das Nasenbein geführt, eine genauere Einwirkung und damit auch ein bessere Kontrolle. Dabei darf die Führkette jedoch nur impulsartig und nie zum Strafen eingesetzt werden!

Die übliche seitliche Verschnallung muss beim Führen von der anderen Seite jeweils umgeschnallt werden. Bei häufigen Handwechseln kann mit einer Verschnallung über dem Nasenriemen und ein Einhaken des Karabiners in die Führkette unterhalb des Pferdeunterkiefers das ständige Umschnallen vermieden werden. Im Handel gibt es bereits Halfter mit integrierter Führkette, die ein Umschnallen ebenfalls überflüssig machen.

WICHTIG: Man darf ein Pferd nie an der Führkette anbinden, da es bei einem plötzlichen und ruckartigen Zurückweichen des Pferdes zu panikartigen Reaktionen und dadurch zu schweren Verletzungen durch die Kette kommen könnte.

Verschnallen der Führkette beim Führen von der linken Seite aus:

- Karabiner von außen nach innen durch den linken unteren Halfterring nach unten schieben.
- Führkette dann von unten über den Nasenriemen nach oben und von innen nach außen durch den rechten Halfterring ziehen. Die Kette soll dabei einmal über den Nasenriemen des Halfters führen.
- Karabiner zuletzt mit Karabiner nach außen in den oberen rechten Halfterring einhaken.

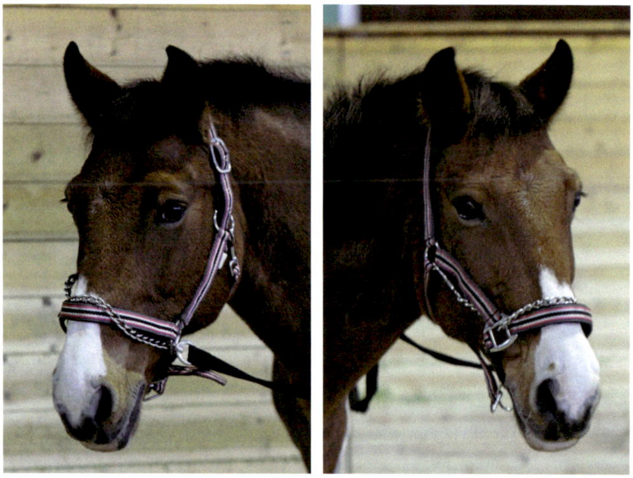

Richtig angebracht führt die Führkette einmal über den Nasenriemen des Halfters (links) und nicht direkt über den Nasenrücken (rechts, falsch).

Führstrick, Bodenarbeitsseil, Longe

Zum Führen kann als simpelste Lösung ein Führstrick gewählt werden, mindestens 2 m lang. Im Gegensatz zum Anbindestrick ist er dicker und nicht mit einem Sicherheitsverschluss, sondern mit einem Karabinerhaken ausgestattet. Optimal geeignet sind je nach Aufgabenstellung 3,50 m bis 6 m lange sogenannte Bodenarbeitsseile, die mit einem Lederschlag am Ende bestückt sind. Sie sind für das Treiben ohne Gerte und die Arbeit mit zunehmendem Abstand vom Pferd und somit dem Übergang zum Longieren unverzichtbar. Alternativ kann auch eine einfache Longe verwendet werden. Als Verschluss sind auch hier Karabiner oder Ähnliches geeignet, die sich nicht unbeabsichtigt öffnen.

Kappzaum, Trense, Zügel

Anstelle eines Halfters mit Strick kann auch ein Kappzaum oder eine Trense mit geöffneten Zügeln oder mit einer Longe verwendet werden. Dabei ist durch eine sinnvolle Gestaltung des Trainings darauf zu achten, dass dem Pferd mit diesen Zäumungen keine Schmerzen durch Rucke an der Trense zugefügt werden. Beim „Abzeichen Bodenarbeit" wird das Führen auf Trense und Halfter gefordert, bei den Reitabzeichen 10 bis 8 wird im Bereich Bodenarbeit auf Halfter geführt, in den Abzeichen 7 bis 5 auf Trense.

Der Kappzaum eignet sich besonders für Übungen, bei denen Stellung erforderlich ist wie beim Schenkelweichen.

- Es eignen sich Kappzäume mit eher weichem, gegebenenfalls auch Kappzäume mit einem ungebrochenen stabilen Nasenrücken.
- Der Kappzaum mit stabilem Nasenrücken muss genau passen. Er wirkt genauer, aber auch schärfer.
- Der Nasenriemen liegt etwa 2–3 Finger breit unterhalb des Jochbeines.
- Der Abstand zum Auge muss ausreichend groß sein. Ein Verrutschen wird durch einen zusätzlichen Riemen unterhalb der Ganasche verhindert.
- Beim Kappzaum kann man den Strick bzw. die Longe mittig oder seitlich einschnallen.

Auch vor und nach dem Reiten kann Bodenarbeit problemlos mit der Trense trainiert werden. Dafür kann es jedoch sinnvoll sein, die Zügel vom Hals zu nehmen und zu öffnen, damit das Pferd nicht in den Zügel treten kann. Wegen der Wirkung der Trense auf die Kinnladen ist aber besondere Vorsicht erforderlich: Unkontrollierte Zügelanzüge sind genauso wie beim Reiten zu vermeiden!

WICHTIG: Pferde nie am Kappzaum oder mit Trense anbinden!

6.3.4 *Sicherheit*

Ein großer Teil aller Unfälle im Pferdesport passiert im Umgang mit dem Pferd. Um so wichtiger ist eine Vorbeugung von Unfällen durch zuverlässige, gehorsame Pferde mit „guten Manieren" und ein sicheres Handling. Geführte Bodenarbeit (im Weiteren nur noch *Bodenarbeit*) sollte daher regulärer Bestandteil der Ausbildung von Sport- und Freizeitpferden sowie aller Reiter, Fahrer und Voltigierer sein. Die Sicherheit bei der Bodenarbeit muss nicht nur durch die entsprechende Ausrüstung (siehe oben), sondern auch durch eine passende Pferd-Mensch-Kombination, die Berücksichtigung von Einflussfaktoren wie Herdentrieb oder Störungen aus dem Umfeld und die Beachtung der Sicherheitshinweise beim Bodenarbeitstraining (SIEHE S. 115) so weit wie möglich gewährleistet werden.

Ausrüstung des Menschen

HANDSCHUHE, SCHUHE

Zum Schutz vor Verletzungen sollten Handschuhe getragen werden, außerdem festes Schuhwerk. Sandalen, Flipflops oder Ähnliches haben bei der Bodenarbeit und auch sonst beim täglichen Handling eines Pferdes nichts zu suchen!

GERTE

Die Gerte sollte zwischen 100–130 cm lang sein, um auch aus sicherem Abstand heraus agieren zu können. Längere Handarbeitsgerten, Fahrpeitschen/Bogenpeitschen oder kürzere Longierpeitschen mit Schlagschnur, bei denen das Schlagende mit in der Hand festgehalten wird, eignen sich ebenfalls gut für die Bodenarbeit. Die Länge der Gerte bzw. Peitsche sollte in Relation zur Größe des Pferdes und zur geplanten Bodenarbeitsübung ausgewählt werden. In jedem Fall muss sie ausreichen, um das Pferd bei der jeweiligen Übung passend touchieren zu können. Längere Handarbeitsgerten und Bogenpeitschen von etwa 150–160 cm bieten den Vorteil, dass sie mit dem Knauf am vorderen Ende vor der Brust zum Zurückhalten bzw. Richtungweisen und ohne Umgreifen mit dem hinteren Ende der Peitsche an der Hinterhand zum Vorwärtstreiben des Pferdes eingesetzt werden können. Außerdem sind sie für ein Arbeiten mit der Kurzlonge mit Abstand vom Pferd erforderlich. Die Gerte wird grundsätzlich als verlängerter Arm benutzt – sie wird nicht zur Bestrafung eingesetzt!

Passende Kombination Mensch-Pferd

Voraussetzung für die Sicherheit bei der Bodenarbeit ist auch eine zueinander passende Kombination von Pferd und Mensch. Beim Pferd sind beispielsweise Alter, Ausbildungsstand, Charakter, Temperament, insbesondere Schreckhaftigkeit, Reaktionsschnelligkeit und Intelligenz sowie Vorerfahrungen von besonderer Bedeutung. Beim Menschen zählen Alter, Größenverhältnis zum Pferd, Pferdeerfahrung, Einfühlungs- und Durchsetzungsvermögen sowie eine klare Signal- und Körpersprache (SIEHE KAP. 5, S. 88 FF.) zu den wichtigsten Faktoren. Junge Pferde oder solche, mit denen der Umgang schwierig ist, sollten nur von Menschen mit ausreichender Pferdeerfahrung am Boden gearbeitet bzw. korrigiert werden. Das ist beim Reiten nicht anders.

Vorbereitung, Rangordnung, Sicherheitsabstand

Damit Pferde beim Bodenarbeitstraining konzentriert mitarbeiten können, sollte der Bewegungsdrang vorher gegebenenfalls durch Ablongieren oder Abreiten befriedigt werden. Bei Laufstallhaltung oder regelmäßigem mehrstündigem Weidegang und Bodenarbeit in einer Gruppe mit untereinander bekannten und verträglichen Pferden ist dies meist nicht erforderlich.

Um akzeptiert zu werden, sollte sich der Mensch bei der Bodenarbeit gegenüber dem Pferd ein wenig wie ein Mitglied aus der Pferdeherde verhalten: gut beobachten, ständig aufmerksam sein und im Bedarfsfall schnell, fair und konsequent reagieren. Eine klare Beziehung schafft Sicherheit für Pferd und Mensch sowie Respekt und Vertrauen und ermöglicht eine konfliktfreie Partnerschaft zueinander.

Zwischen den Pferden wird ein Sicherheitsabstand von etwa 4 m empfohlen, damit diese sich bei Unterschreitung ihrer Individualdistanz nicht gegenseitig verletzen und/oder die führenden Menschen in Gefahr bringen.

Wird Bodenarbeit in der Gruppe absolviert, warten die anderen Teilnehmer in sicherem Abstand zueinander. Dabei sollen die Pferde ruhig stehen bleiben.

Störquellen

Auf das Bodenarbeitstraining nehmen auch äußere Faktoren Einfluss. Daher sollten potenzielle Störquellen berücksichtigt werden, z.B. durch Aufstellung einer Pferdeabteilung Richtung Halleneingang oder durch eine Position des Führenden zwischen einer möglichen Gefahrenquelle, wie einer unruhigen Tribüne, und dem Pferd, damit der Fluchtweg grundsätzlich frei gehalten wird.
Wenn Bodenarbeitstraining in einer unbekannten Umgebung und/oder gemeinsam mit noch nicht bekannten anderen Pferden durchgeführt werden soll, sollten die Pferde vorher mit der dafür erforderlichen Zeit an die neue Situation gewöhnt werden.

Systematischer Trainingsaufbau

Mithilfe eines guten Trainingsaufbaus lassen sich viele Sicherheitsrisiken vermeiden. Die Übungen müssen sinnvoll aufeinander aufgebaut werden. Der Schwierigkeitsgrad sollte schrittweise jeweils nur so weit gesteigert werden, dass die Pferde jederzeit willig mitarbeiten. Damit gelten bei der Bodenarbeit vom Prinzip her die gleichen Regeln wie beim Reiten und bei anderen Sparten des Pferdesports. Der Umgang mit dem Pferd bei der Bodenarbeit und die gegenseitige Verständigung sind auf unerwartete Situationen im Gelände oder Scheuen beim Reiten wegen unbekannter Gegenstände übertragbar.

Sicherheitshinweise Bodenarbeitstraining

Bei der Durchführung der Bodenarbeit sind neben den bisher genannten allgemeinen Hinweisen zur Sicherheit folgende Punkte besonders zu beachten:

- Beim Führen Strick, Bodenarbeitsseil oder Longe nie um die Hand wickeln oder in Schlaufen um die Hand legen!
- Beim Führen mit der Trense: Darauf achten, dass das Pferd nicht auf den Zügel tritt, gegebenenfalls mit geöffneten Zügeln führen.
- Ausreichenden Sicherheitsabstand von mind. 4 m zwischen den Pferden einhalten!
- Vor Beginn der Bodenarbeit die Reaktion des Pferdes auf eine Gerte prüfen!
- Vor Beginn des Geschicklichkeitstrainings die Reaktion des Pferdes auf eine Bodenstange prüfen!
- Der Mensch sollte immer zwischen potenziellen Störquellen bzw. Schreckhindernissen und dem Pferd gehen!

6.3.5 *Verstehen und Verständigung*

Grundvoraussetzung für die Kommunikation zwischen Mensch und Pferd und eine zielführende Signalgebung ist das wechselseitige/gegenseitige Verstehen der jeweiligen „Sprache". Um die Verhaltensweisen von Pferden bei der Bodenarbeit zu verstehen, sind insbesondere die Körpersprache des Pferdes, sein angeborenes und erworbenes Fluchtverhalten, seine Sinneswahrnehmungen, die Art und Fähigkeit zu lernen (SIEHE AUCH KAP. 1-4) und die individuellen Eigenarten, also der Charakter und das Temperament des jeweiligen Pferdes, von Bedeutung.

Bei der Verständigung und Signalgebung des Führenden sind die Prioritäten des Pferdes besonders zu berücksichtigen: Körperposition, Körperhaltung und Wahrnehmung von Berührungen haben eine wesentlich höhere Bedeutung als die für den Menschen so wichtigen akustischen Signale.

KOMMUNIKATION BEI DER BODENARBEIT

	Pferd	Mensch
Optisch (entscheidend)	Position	Position
	Bewegungen	Bewegungen
	Körperhaltung	Körperhaltung
	Körperspannung	Körperspannung
	Blicke	Blicke
	Kauen und Lecken	
Taktil (wichtig)	Berühren	Streicheln, Touchieren
	Schubsen	Strick – Impulse
	Beißen	Berührung mit Gerte oder Seil
	Vibrationen wahrnehmen	
	Rempeln	Gerte oder Seil als verlängerter Arm
Akustisch (weniger wichtig)	Schnauben	Stimme
	Wiehern	
	Aufstampfen	

■ Konsequenz im Umgang

Verstehen und Verständigung zwischen Mensch und Pferd sind nur möglich, weil beide Arten in Sozialverbänden leben. Die Eigenschaften des Pferdes, sich als Herdentier in eine Rangordnung einzufügen, seine soziale Kompetenz und die Fähigkeit zur Kommunikation sind Voraussetzungen dafür, dass der Mensch das Pferd zum Tragen, zum Ziehen und Reiten nutzen und vom Boden aus beeinflussen kann. Der Mensch sollte sich dabei durch konsequentes Verhalten als ranghöher etablieren. Wie viel „Sich-Durchsetzen" dafür im Einzelfall notwendig ist, hängt stark vom individuellen Charakter des jeweiligen Pferdes ab. Ein sechsjähriger Warmbluthengst verlangt vermutlich höhere Aufmerksamkeit, Sensibilität und Durchsetzungsvermögen bei der Arbeit als ein 20-jähriger Islandpony-Wallach.

Individualdistanz

Bei der Bodenarbeit ist es bereits beim einfachen Führen, besonders aber beim Führen mit Abstand zwischen Pferd und Führendem, notwendig, dass der Führende die Distanz zwischen sich und dem Pferd bestimmen kann. Dies kann trainiert werden und bietet gleichzeitig den Vorteil, dass sich auch Probleme beim Longieren wie nach innen-Laufen, sich nach innen-Drehen oder Umdrehen verbessern lassen.
Auch beim täglichen Umgang ist es deshalb wichtig, dass Pferde sich nicht am Menschen scheuern oder sich stärker nähern, als es erlaubt wird, da dies zunächst ein Zeichen von Respektlosigkeit ist. Pferde halten untereinander eine je nach Situation und Sympathie unterschiedlich große Individualdistanz ein. Ranghöhere Pferde bestehen auf Einhaltung dieses Abstandes, rangniedere Pferde müssen diese Distanz wahren, es sei denn, der Kontakt wird erlaubt. Natürlich ist auch Streicheln und Kraulen durch den Menschen erlaubt, denn dies festigt die Bindung zwischen Mensch und Pferd.

Individuelle Rahmenvoraussetzungen

Jedes Pferd ist anders. Jeder Mensch ist anders. Entscheidend ist das Zusammenwirken im Team. Pferde unterscheiden sich in Geschlecht, Größe, Rasse, Alter, Temperament, Intelligenz, Selbstbewusstsein, Ranghöhe im Herdenverband und auch in ihren individuellen Vorerfahrungen, darunter eventuell sogar traumatischen Ereignissen. Die individuellen Eigenschaften eines Pferdes sind für die Gestaltung und den Erfolg des Trainings von großer Bedeutung. Sie erfordern eine unterschiedliche Herangehensweise und Präsenz, ein mehr selbstbewusstes oder mehr zurückhaltendes Auftreten und eine unterschiedliche Reaktionsschnelligkeit. Die Übungen für die Bodenarbeit müssen aber auch nach den individuellen Voraussetzungen des Führenden wie Alter, Größe und Kraft im Verhältnis zum Pferd sowie Pferdeerfahrung ausgewählt werden. Art und Intensität der Signalgebung müssen sich daran ausrichten.

Neugierde und Aufmerksamkeit

Pferde sind zwar Fluchttiere, sie sind aber auch von Natur aus neugierig. Durch ihre große Neugierde und ihr stark ausgeprägtes Erkundungsverhalten sammeln sie neue Erfahrungen und können so leichter selbstständig lernen. Dieses natürliche Verhalten ist bei der Bodenarbeit von großer Bedeutung: Unbekannte Gegenstände wie Stangenaufbauten oder Schreckhindernisse sind für sie nicht nur furchter-

Pferde sind von Natur aus neugierig.

regend, sondern auch spannend. Nach einer ersten Schreckreaktion mit angespanntem Körper, erhobenem Schweif, weit geöffneten Augen und gespitzten Ohren erfolgt daher nach einer Phase des Abwartens und Beobachtens die Annäherung an den unbekannten Gegenstand in aller Regel freiwillig! Das Pferd will das Ganze erst aus der sicheren Ferne mit Ohren und Augen, dann aber auch aus der Nähe mit seiner Nase erkunden. Daher klappt das Gelassenheitstraining auch ohne Zwang! Man muss nur genug Geduld und Zeit investieren, bis sich das Pferd traut nachzuforschen.

Eine weitere Grundlage für eine feine Verständigung und erfolgreiche Bodenarbeit ist die ungeteilte Aufmerksamkeit von Pferd und Mensch. Da die Konzentrationsfähigkeit eines Pferdes begrenzt ist (SIEHE KAP. 4, S. 63), sind die Einheiten dementsprechend kurz zu gestalten und es sind regelmäßige Pausen einzulegen.

■ Verhaltensweisen des Pferdes bei der Bodenarbeit

Das Ausdrucksverhalten des Pferdes sollte bei der Bodenarbeit stets aufmerksam beobachtet werden, um die Reaktionen auf die Signalgebung zu erkennen und zu bewerten sowie zukünftige Aktionen vorherzusehen. Dann können die neue Aufgabenstellung und Art und Intensität der Einwirkung an das Verhalten des Pferdes angepasst werden. Zielführende Bodenarbeit kann nur im Dialog zwischen Pferd und Mensch entwickelt werden.

Beim Ausdrucksverhalten des Pferdes sind die Körperposition, die Körperhaltung, die Körperspannung, der Gesichtsausdruck von Nüstern, Maul und Augen sowie die Art der Fortbewegung, eventuell auch Anzeichen für aufkommende Aggression von besonderer Bedeutung. Folgende Reaktionen sind typischerweise bei der Bodenarbeit zu beobachten: Ruhestellung, Anzeichen für willige Mitarbeit, Fluchtreaktionen, ein Mitdrehen im toten Winkel, Drängeln sowie der Gang des Pferdes.

RUHESTELLUNG

Als Zeichen der Entspannung zeigt das Pferd im Stehen, beim Ruhen in der Pause oder bei der Übung „Stillstehen" oft folgende Verhaltensweisen: Ohren leicht nach hinten geneigt, Unterlippe hängend, Augen nicht ganz geöffnet, ein ruhendes Hinterbein.

MITARBEIT

Als Zeichen der Konzentration und Bereitschaft zur willigen Mitarbeit sind neben einer relativ lockeren Körperhaltung mit abgesenktem Hals und eher entspanntem Muskeltonus ein ruhiger und konzentrierter Gesichtsausdruck und ein „Kauen und Lecken" bei halb geschlossenem Maul zu beobachten. Oft ist dies ein günstiger Moment, die Trainingseinheit erfolgreich zu beenden.

FLUCHTREAKTIONEN

Eine sofortige Flucht vor Raubtieren ist als Reflex im Instinktverhalten des Pferdes fest verankert, da es in freier Wildbahn sein Überleben sicherte. Bei einer drohenden Gefahr wie einem unbekannten Gegenstand wird der Körper des Pferdes durch einen Adrenalinstoß zur sofortigen Flucht vorbereitet. Die Flucht selbst erfolgt dann oft blitzschnell, quasi vorsorglich. Erst nachdem das Pferd eine gewisse Distanz zwischen sich und dem auslösenden Fluchtreiz zurückgelegt hat, überprüft es, ob dieser tatsächlich gefährlich war.

Bei der Reaktion des Pferdes auf unbekannte Reize können vier Varianten unterschieden werden, im Englischen die vier **F**.

Flight, ...

1. **Flight/Flucht:** Wegstürmen, Scheuen, seitwärts Ausbrechen, Rückwärtsweichen
2. **Fight/Kampf:** Schlagen, Beißen (in aller Regel nach vorhergehender Drohung), beispielsweise wenn die Fluchtmöglichkeit versperrt ist
3. **Freeze/Erstarrung:** Ganzkörperstarre mit hocherhobenem Kopf und angespanntem Körper. Vorsicht: hohe Fluchtbereitschaft!
4. **Flirt/Untersuchung, Kommunikation:** Aus der Ferne hinschauen, sich annähern, schnorchelndes Atmen, Kopf und Hals zum Reiz hinstrecken, berühren, riechen, mit der Nase untersuchen oder mit dem Huf den Untergrund oder den Gegenstand durch Abklopfen und Scharren untersuchen.

Diese vier **F** können durch die Bodenarbeit und insbesondere durch Gelassenheitstraining (SIEHE S. 145) beeinflusst werden. Wenn die Pferde an bestimmte Situationen gewöhnt wurden (z.B. Bälle, Regenschirme, plötzliche Geräusche), lernen sie außerdem auch, auf unbekannte Situationen besonnener zu reagieren (erst mal „Freeze" und „Flirt" statt sofort „Flight").

Freeze, ...

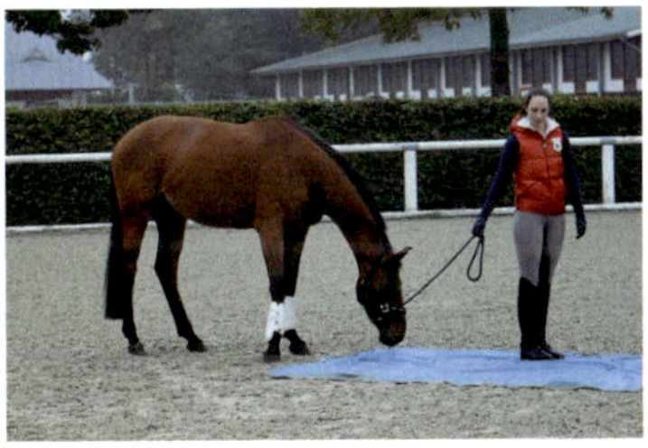

Flirt ...

... und die Lösung

Scheuen nach Handwechsel

Pferde können nach einem Handwechsel vor unbekannten Gegenständen erneut scheuen und so reagieren, als ob sie diese noch nicht gesehen hätten (SIEHE KAP. 5, S. 96). Schreckhindernisse sollten deshalb beim Gelassenheitstraining immer geduldig von beiden Seiten geübt werden. Besondere Vorsicht ist auch bei Handwechseln während des Führtrainings geboten, wenn beispielsweise Störungen von der Tribüne ausgehen.

DISTANZLOSIGKEIT

Pferde müssen lernen, Distanz zum Führenden einzuhalten. Bei der Bodenarbeit ist es für die präzise Ausführung der Übungen und auch aus Sicherheitsgründen wichtig, die Distanz zwischen Mensch und Pferd klar festzulegen und auch variieren zu können.

WIDERSETZLICHKEIT

Pferde können während des Bodenarbeitstrainings Anzeichen von Widersetzlichkeit zeigen wie das Anheben des Hinterbeines als Drohung vor dem Ausschlagen oder Vorschwingen von Hals und Kopf bei flach angelegten Ohren als Drohung vor dem Beißen. Wenn es sich um ein Austesten der Rangordnung handelt, sollte überprüft werden, ob die verlangte Übung eine Überforderung darstellt. Durch einen entsprechenden Aufbau der Übungen, konsequenten Umgang, ggf. Wechsel des Führenden bzw. Veränderungen bei Ausrüstung oder Umfeld und eine rechtzeitige Beendigung des Trainings mit einem gelungenen Abschluss sollte der Konflikt entschärft werden.

„Menschensprache"/Signalgebung

Für eine leichte Verständigung und Einwirkung mit feinen Signalen ist es hilfreich, wenn der Mensch das Pferd genau beobachtet, aktuell gezeigtes Verhalten (SIEHE KAP. 2, S. 24) versteht und unmittelbar bevorstehende Reaktionen so weit wie möglich voraussehen kann. Beim Verstehen der Verhaltensweisen und der Signalgebung muss berücksichtigt werden, dass Pferde beim Menschen wie bei anderen Gruppenmitgliedern vorrangig sehr fein intuitiv auf Körperposition und Körperhaltung reagieren – selbst dann, wenn diese weder bewusst noch beabsichtigt waren. Für den Menschen wichtige Kommunikationskanäle wie Stimme und Berührungen mit Hand, Gerte, Bodenarbeitsseilende und Impulse über Halfter oder Trense werden aber ebenfalls genutzt und beachtet. Pferde orientieren sich im Zweifelsfall dennoch zusätzlich beziehungsweise stärker an der Körpersprache des Menschen als an ausgesprochenen Worten.

Daher muss der Führende bei der Bodenarbeit genau kontrollieren, welche Signale er durch seine Position zum Pferd, durch seine Körperhaltung und -spannung, die Haltung und Bewegungen von Armen, Beinen, Gerte, Führstrick oder Bodenarbeitsseil sowie durch seine Stimmlage übermittelt (SIEHE KAP. 5, S. 88).

Pferde können anhand der Körpersprache und -spannung, der Stimmlage und vermutlich auch mit ihrem Geruchssinn erkennen, wenn ein Mensch Angst hat oder nervös ist, auch wenn dies am sonstigen Verhalten des Pferdeführers vielleicht nicht so leicht zu erkennen ist. Dies wiederum verunsichert das Pferd, weil es zu einer Stimmungsübertragung kommt und der Mensch seine Rolle als „Beschützer" nicht mehr ausfüllen kann. So können sich Pferd und Führender in ihrer Verunsicherung gegenseitig verstärken. In diesen Fällen sollte der Schwierigkeitsgrad verringert werden oder vorübergehend ein pferdeerfahrenerer Mensch den Part des Führenden übernehmen.

SIGNALSPRACHE UND IHRE WIRKUNG

	Körper/ Tempo	Stimme, z.B.	Gerte	Halfter	Verstärkung	Reduktion Hilfen
Zügiger, energischer (schneller)	schneller gehen weiter hinten gehen	schnalzen	mit Gerte oder Seil an Flanke berühren		ggf. Pferd intensiver/ häufiger mit Gerte/ Seil berühren	nur selbst schneller gehen
Ruhiger (langsamer)	langsamer gehen weiter vorne gehen	„Ruhe", „ho"	Gerte oder Arm vor Pferdebrust hochhalten	Impuls am Halfter	Hilfen energischer/häufiger wiederholen, ggf. Brust leicht mit Gerte berühren	nur selbst langsamer gehen
Anhalten	stehenbleiben	„uuund Halt"	Hand in Augenhöhe heben oder mit Gerte an Brust touchieren	Impuls am Halfter	Signale energischer, häufiger wiederholen	nur selbst stehen bleiben
Stehen bleiben	Pferd im Auge behalten, sich nur langsam bewegen	„uuund steh"	erhobene Gerte oder erhobene Hand	Impuls am Halfter	ggf. schnell zurückgehen, Pferd wieder ruhig hinstellen und Kommando wiederholen	nur mit Kommando hinstellen Pferd wartet, bis neue Anweisung erfolgt
Schritt	selbst gehen/ losgehen	„Scheritt"	s. Tempoveränderung	s. Tempoveränderung	s. Tempoveränderung	nur selbst losgehen
Trab	selbst laufen/ loslaufen	„Terab", schnalzen	s. Tempoveränderung	s. Tempoveränderung	s. Tempoveränderung	nur selbst loslaufen
Rückwärts	umdrehen: Blick Richtung Schweif oder Oberkörper zurücknehmen	„zurück"	touchieren an der Brust	Impuls am Halfter annehmen und Nachgeben	Signale energischer wiederholen	nur selbst um drehen oder nur Stimme
Geradeaus stellen, geradeaus gehen lassen	ausreichende Distanz herstellen auf Schulterhöhe gehen, Energisch vorwärts gehen		Kopf mit Hand geradestellen, Gerte Richtung Flanke anlegen und vorwärtstreiben	Kopf mit kurzgefasster Zäumung in Bewegungsrichtung stellen	Signale energischer wiederholen	Hand und Arm geradeaus weisend
Wendungen	Drehung von Körper, Schultergürtel und Blick in Bewegungsrichtung		wenn Pferd innen: seitwärtsweisen mit Gerte oder Arm/Hand	wenn Pferd außen: annehmende Einwirkung am Strick	mehr auf Körperposition und Drehung des Schultergürtels achten.	nur Körperwendungen
Seitwärts	Körper in Richtung des Weichens ausrichten, Blick auf das zu bewegende Bein	schnalzen	seitlich touchieren an Flanke oder Bein oder nur Signal mit Arm/Hand	Kopf mit Halfter fixieren und stellen	Signale energischer, mehr vorwärts	ohne Berührung nur durch Körperausrichtung

Einsatz von Halfter, Führkette und Strick

Bei der Bodenarbeit werden Halfter, Knotenhalfter oder Führkette in der Regel nur impulsartig über einen minimalen Impuls aus dem Handgelenk eingesetzt. Bei einer Verfeinerung/Reduktion der Signalgebung kann dies gegebenenfalls ganz entfallen. Bestimmte Übungen wie Wendung um die Vorhand oder Schenkelweichen erfordern wegen der Forderung nach Halsstellung einen ständigen Kontakt über die Zäumung.

Durch zielgenaues Schwingen eines langen Stricks oder eines Bodenarbeitsseiles können vorwärts-, seitwärts- oder rückwärtseinwirkende Signale gegeben werden sowie das Geradeausgehen veranlasst bzw. aufrechterhalten werden. Bodenarbeitsseil oder Kurzlonge ermöglichen darüber hinaus eine Veränderung der Führposition mit mehr Abstand zum Pferd und damit einen fließenden Übergang von der Bodenarbeit hin zum Longieren.

6.4.5 Präzises Führen und Führpositionen

Ziel eines präzisen Führens ist ein tatksicheres, fleißiges, losgelassenes und im Tempo kontrollierbares Schreiten oder Traben auf vorgegebener Linie. Das Pferd soll lernen, auch am leicht durchhängenden Zügel, Strick oder Seil „bei Fuß" zu gehen, gehorsam und umgehend auf tempozurückführende bzw. vorwärtstreibende Signale zu reagieren und sich dem Schritt der Führperson anzupassen.

Die jeweilige Führposition hat entscheidenden Einfluss bei der Arbeit mit dem Pferd am Boden. Je nach Aufgabenstellung und Reaktion des Pferdes auf die Signalgebung sollte die jeweils günstigste Führposition eingenommen werden.

Die Varianten:

1. **FÜHRPOSITION (NORMAL).** Fließende Übergänge zwischen:
   a) Am Kopf in Höhe des Genicks des Pferdes
   ermöglicht mit kurz gehaltenem Strick oder Zügel die größtmögliche Kontrolle, z.B. bei einem ängstlichen oder erregten Pferd; wirkt tempoverzögernd

   b) In Höhe Hals/Schulter
   ist eine sichere Position, falls das Pferd davonstürmt, mit leicht durchhängendem Strick oder Zügel „bei Fuß gehend"; wirkt leicht tempoverzögernd

   c) Neben der Sattellage
   neutrale Position, gut geeignet zur Sicherung eines unsicheren Reiters

d) Neben der Hinterhand
treibende Wirkung, optimale Arbeitsposition (nur für erfahrene Führpersonen und gut ausgebildete Pferde geeignet, da das Pferd bei ungeklärter Rangordnung vorwärtsstürmen oder ausschlagen könnte)

e) „Tandemführung"
das gemeinsame Führen eines Pferdes von beiden Seiten; es dient vor allem der Sicherheit und wird meist bei der Bodenarbeit mit Kindern eingesetzt. Ein Erwachsener kann auf der rechten Seite das Führen eines Kindes oder Reitanfängers absichern (Stricke werden seitlich befestigt). Wichtig ist, dass jeweils eine Person der „Chef" ist und die gemeinsamen Aktionen koordiniert. Zur Schonung der Pferde sollte gemeinsames Führen mit Halfter erfolgen.

2. Führposition (mit weiterem Abstand vom Pferd)
gute Beobachtung des Pferdes und gezieltes Treiben unter Sicht möglich; bei vielen Übungen hilfreich. Fließender Übergang bis zum Longieren

3. Führposition (vor dem Pferd)
bei Engpässen; natürliches Folgen eines Pferdes hinter einem ranghöheren Herdenmitglied

Führen in der 1. Führposition (normal)

In der gewohnten „1. Führposition" wird das Pferd auf der von ihm aus gesehenen linken Seite mit der rechten Hand (mit dem Daumen Richtung Pferdekopf) geführt und mit der Gerte oder dem Bodenarbeitsseil in der linken Hand bei Bedarf vorwärtsgetrieben. Wahlweise kann auch von rechts geführt werden. Der Übergang zwischen der Position neben dem Genick des Pferdes bis zu einer Position neben der Hinterhand des Pferdes ist fließend. Je weiter hinten der Führende mitgeht, umso leichter kann er sein Pferd vorwärtstreiben. Der Vorteil der 1. Führposition: Der Führende kann das Pferd im Auge behalten und auf mögliche Schreckreaktionen direkt reagieren.

Signalgebung zum Tempo beschleunigen:
- Stimme energisch, Stimmsignal z.B. Schnalzen
- Mit Gerte oder Seil Flanke bzw. Hinterhand des Pferdes touchieren
- Körperhaltung des Führenden straff, aufrecht
- Das Pferd soll sein Tempo an den energisch vorwärtsgehenden Menschen anpassen.

Signalgebung zum Tempo reduzieren:
- Stimme ruhig, Stimmsignal z.B. „brr" oder „ho"
- Hand in Augenhöhe anheben oder mit der Gerte bei Bedarf die Pferdebrust berühren, Verstärkung: mit Gertenknauf die Brust touchieren, Impuls am Halfter geben
- Körperhaltung des Führenden entspannt
- Das Pferd soll sein Tempo an den langsamer und ruhiger schreitenden Menschen anpassen.

Zum Tempo reduzieren/Anhalten kann mit dem Gertenknauf die Brust des Pferdes berührt werden.

Aufrechterhalten des Geradeausgehens:
- Das Geradeausgehen wird erleichtert durch Orientierung entlang der Bande.
- Ein sich quer zur Führposition stellendes oder nach innen gehendes Pferd kann durch eine Position neben dem Kopf des Pferdes und über ein „Geradestellen" von Kopf und Hals durch einen nach außen wirkenden Impuls am Strick oder durch ein Greifen ins Halfter und weiteres Vortreiben wieder geradeaus geführt werden.

Reduzierte Signale: Das Pferd passt sich aufmerksam geradeaus schauend und geradeaus gerichtet bei durchhängendem Strick automatisch der Schrittlänge und -richtung des führenden Menschen an. Weitere tempoverändernde Signale (s. oben) erfolgen nur noch in der dafür erforderlichen Stärke, wenn das Pferd diese direkte Reaktion nicht mehr unmittelbar zeigt.

FÜHREN IN DER 2. FÜHRPOSITION (MIT WEITEREM ABSTAND VOM PFERD)

In der zweiten Führposition kontrolliert der Mensch wie beim Longieren das Pferd mit Strick, Seil oder Kurzlonge in der einen Hand und einer Peitsche bzw. dem Ende des Bodenarbeitsseils in der anderen Hand, eingerahmt in etwas größerem, variablem Abstand zum Pferd. Das Pferd kann so besser beobachtet werden, ist aber wegen der geringen Entfernung leichter zu kontrollieren als beim Longieren. Die Übung eignet sich, um das Longieren vorzubereiten oder beim Longieren aufgetretene Probleme zu korrigieren. Der Übergang zwischen der 2. Führposition hin zum Longieren ist fließend.

In dieser Position hält der Mensch einen deutlich größeren Abstand zum Pferd.

Signalgebung

- Auf der linken Seite des Pferdes führend: Strick bzw. Seil in linker und Gerte bzw. Seilende in rechter Hand, Pferd wie beim Longieren einrahmen (auf der anderen Seite spiegelverkehrt).
- Bauchseite des Führenden mehr oder weniger zum Pferd gewandt, Position in Schulterhöhe/Sattellage
- Pferd bei 2. Führposition durch Heben und Senken der Peitsche vor der Schulter, Berühren des Widerristes oder Mähnenkammes (max. Halsmitte) mit der Peitsche oder durch Schwingen des Bodenarbeitsseiles auf dem gewünschten Abstand halten.

FÜHREN IN DER 3. FÜHRPOSITION (VOR DEM PFERD)

Das Führen in der 3. Führposition ist bei Engpässen wie Türen, zwischen Bäumen, beim Verladen oder auf engen Wegen unvermeidbar. Diese Position entspricht dem natürlichen Folgen eines Pferdes hinter einem ranghöheren Herdenmitglied, das nicht überholt werden darf. Da die Führperson in dieser Position das Pferd aus ihrem Sichtfeld verlieren kann, ist diese Führposition aus Sicherheitsgründen nur zu empfehlen, wenn die Rangordnung zwischen Führperson und Pferd eindeutig geklärt ist, der führende Mensch das Pferd auf Abstand halten und jederzeit anhalten kann, die Führperson genug Pferdeerfahrung hat und das Pferd gehorsam und entspannt ist. Das Pferd soll dem Menschen mit Abstand ohne zu Drängeln folgen und stehen bleiben, wenn der Mensch stehen bleibt bzw. ein Signal zum Anhalten gibt. Die Gefahr beim Erschrecken des Pferdes bleibt bestehen. Daher sollte der Mensch in eine Führposition neben dem Pferd wechseln, wenn das Pferd anfängt sich aufzuregen.

Auch beim Führen auf den Hänger wird nun die 3. Führposition eingenommen.

Signalgebung

- mit leicht durchhängendem Strick führen
- ausreichendem Sicherheitsabstand herstellen; dieser wird beeinflusst durch Straffen und Aufrichten des Körpers, Haltung von Händen und Armen, Stimmkommando.

■ Führen von beiden Seiten

Traditionell werden Pferde von links geführt und es wird von links aufgesessen. Das Führen mal von links, mal von rechts aus trainiert jedoch beide Gehirnhälften (SIEHE KAP. 5, S. 95). Angewendet werden kann es als reine Übung zur Förderung der Beidhändigkeit, aber auch in speziellen Situationen, die das Führen von der anderen Hand aus sicherer macht. Es kann sinnvoll sein, auf der rechten Seite zu führen, wenn auf dieser Seite Unruhe (z.B. Zuschauertribüne, Straße etc.) herrscht. Der Mensch geht dann zwischen dem möglichen Stressauslöser und dem Pferd. Auf diese Weise vermittelt er dem Pferd als eine Art schützenden Puffer Sicherheit, darüber hinaus ist diese Position für den Menschen sicherer für den Fall, dass das Pferd doch mal von der vermeintlichen Gefahrenquelle zur Seite wegspringt.

Wechsel der Führseite im Halten
mit dem rechten Bein macht der Führende einen großen diagonalen Schritt vors Pferd, dann folgt das linke Bein mit einer Drehung des Körpers Richtung Pferdekopf, ein weiterer Schritt mit dem rechten Bein mit weiterer Körperdrehung und Beistellen des linken Beins.

Der Wechsel der Führseite erfordert ein bisschen Übung, vor allem, wenn später im Schritt gewechselt werden soll.

Wechsel der Führseite im Vorwärtsgehen
mit Verhalten des Schritttempos und flinkem Seitenwechsel des Pferdeführers vor dem Kopf des Pferdes auf die andere Seite

6.4.6 Übungsbeispiele Führtraining

■ Tempo-/Gangmaßwechsel, Gangartenwechsel, Übergänge

(Geführt wird im Schritt und Trab in wechselnden Tempi, mal ruhiger, mal frischer nach vorwärts.)

Ziel/Durchführung
- Gehorsame Übergänge zwischen den Gangarten und innerhalb der Gangarten (Tempounterschiede)
- Feinabstimmung der Signale

Signale
- Vorwärtstreibend: energisch vorwärtsgehend, ggf. mit Gerte oder Seil berühren, Stimmkommando
- Temporeduzierend: langsamer laufend, Stimme, ggf. Hand bzw. Gerte anheben, Gerte vor der Brust, notfalls impulsartig Druck auf die Nase über das Halfter

Reduzierte Signale
- Pferd passt sich dem Tempo des Menschen automatisch an (Loslaufen – Antraben, Gehen – Schritt, Anhalten – Halten)

Anhalten, Stehenbleiben und Anführen

Ziel/Durchführung

- Anhalten auf das Signal zum Halten hin, möglichst ohne Handeinwirkung – bei durchhängendem Strick
- ruhiges geschlossenes Stehen auf allen vier Beinen
- in der Ecke (schafft klare Situation, dabei Stress für das Pferd verhindern)
- aus einer Volte heraus vor der Bande (Bande bietet optische Begrenzung)
- an der Bande
- im freien Raum

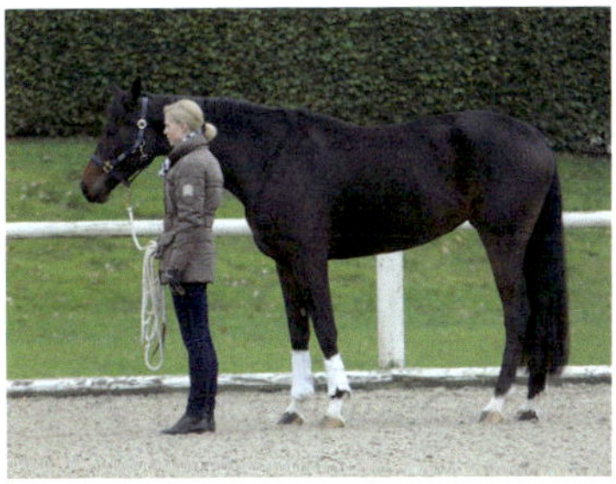

Auch das Anhalten und Stehenbleiben soll ohne viel sichtbare Einwirkung geschehen. Das Leitseil sollte gleichmäßiger aufgenommen sein.

Signale Anhalten

- Körper aufrechthalten, straffen
- Stimmsignal mit Ankündigung, z.B. „und ... Halt"
- Ggf. Impuls am Halfter/Strick
- Ggf. Brust mit Gertenknauf berühren
- Halteposition einnehmen: Führperson stellt sich schräg oder frontal zur Schulter des Pferdes
- Ggf. im Stand durch Antippen einzelner Beine mit der Gerte oder Vorwärts- (ggf. auch Rückwärts-)Bewegen des Pferdes korrigieren, bis das Pferd auf allen vier Beinen geschlossen steht

WICHTIG: Geschlossen hinstellen

Reduzierte Signale Anhalten

- Hand oder Gerte einmal anheben, ohne zu berühren
- bewusstes Anhalten durch Körpersprache
- Mensch bleibt stehen, Pferd auch (Nachahmung)

Signalgebung zum Anführen

- Oberkörper leicht nach vorne lehnen, losgehen
- Stimmsignal, z.B. „Komm" und „Scheritt"
- Gegebenenfalls mit Gerte oder Seil an Flanke oder Hinterhand touchieren

Gehorsames Stillstehen

Ziel/Durchführung

- Jedes Pferd soll während der Pausen im Bodenarbeitstraining entspannt immer am gleichen Platz neben den gleichen Nachbarn stehen, von wo aus Mensch und Pferd den anderen Paaren beim Training zusehen können.
- Entspannung und Ruhepause zwischen den Übungen, zugleich Belohnung für das Pferd
- Gibt dem Pferd das Gefühl, in der Herde geborgen zu sein

Signale
- Stimmsignal, z.B. „und... steh", danach stehen bleiben
- Kopf geradeaus stellen, ggf. mit Hand ins Halfter greifen und den Kopf geradestellen
- Bei Bedarf durch Impuls am Führstrick und/oder Stimme Aufmerksamkeit zurückholen
- Ruhestellung zulassen (Dösen mit halb geschlossenen Augen, ruhendes Hinterbein)

Rückwärtstreten-Lassen

Ziel/Durchführung
- Gehorsames, promptes, taktreines, williges Rückwärtstreten des Pferdes auf gerader Linie
- Kopf und Hals bleiben gesenkt, der Rücken aufgewölbt, die Hinterhand nimmt vermehrt Gewicht auf
- Vorbereitung des Pferdes auf das Rückwärtsrichten unter dem Reiter
- Unterstützung beim Erlernen des Rückwärtsrichtens unter dem Reiter
- An der Bande (ggf. mit einer Stange als Begrenzung, um ein Seitwärtstreten zu verhindern)
- Geradeaus gestellt zwischen zwei parallel angeordneten Stangen, z.B. in Sackgasse
- Aus der Ecke heraus (Entziehen vor der Hilfengebung eingeschränkt, aber: Vorsicht bei widersetzlichen Pferden, schlechte Ausweichmöglichkeit für den Führenden)

Signale
- Aufgerichtete Körperhaltung des Menschen
- Körperhaltung und -position des Menschen: frontal/nach hinten gewandt vor der Schulter des Pferdes oder in gleicher Blickrichtung mit dem Pferd und mit dem Pferd zurücktreten
- Gerte oder Seil vor die Brust des Pferdes

  oder
- die Brust des Pferdes mit Hand/Fingern berühren und mit der Gerte das seitliche Ausweichen mit der Hinterhand an der offenen Seite verhindern
- Stimme, z.B. „Zurück"

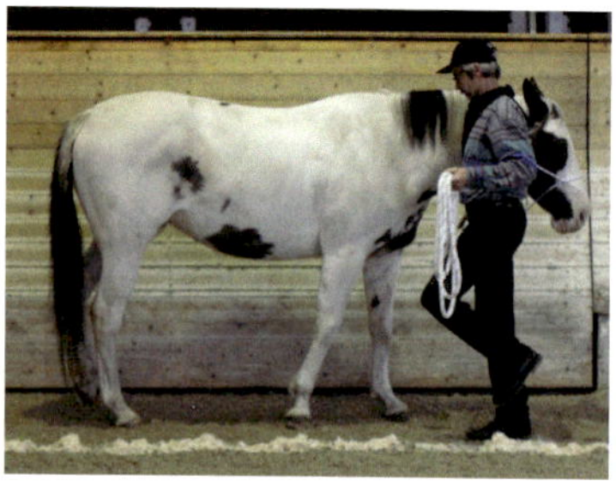

Zum Rückwärtstreten-Lassen kann sich der Führende zum Pferd drehen (oben) oder mit dem Pferd zurücktreten (unten).

Reduzierte Signale
- Pferd reagiert auf Körperposition und Laufrichtung des Menschen und passt sich an, evtl. leises Stimmsignal

VARIATIONEN:
- Bestimmte Anzahl Tritte rückwärtstreten lassen
- Schaukel: definierte Anzahl Schritte vorwärts und Tritte rückwärts im Wechsel
- Rückwärts um die Ecke im Stangen-L oder mehrfach oder Labyrinth

Seitliches Verschieben des Pferdes

Die Übungen, bei denen das Pferd seitlich mit den Vorderbeinen, mit den Hinterbeinen oder mit allen vier Beinen weicht, erfordern eine Stellung im Genick und leichte Biegung im Hals des Pferdes, aber keine Längsbiegung des Rumpfes. Beide Pferdeohren sollen auf gleicher Höhe stehen (kein Verwerfen im Genick). Um die Übungen des seitlichen Weichens korrekt auszuführen, sollte der Strick kurz gefasst werden. Besonders gut eignet sich für diese Übungen wegen der präzisen und kontinuierlichen Verbindung der Menschenhand zum Pferdekopf ein Kappzaum.

„Wendung" (seitliches Weichen) um die Vorhand

Ziel/Durchführung

- Gehorsam auf seitwärtstreibende Hilfen fördern
- Erlernen und Vorbereiten der Vorhandwendung unter dem Reiter durch Üben und Verstehen der Hilfengebung vom Boden aus
- Schritt für Schritt Wendung um das innere mittretende Vorderbein in einem kleinen Kreisbogen, danach ruhig stehen
- Rangieren des Pferdes, z.B. vor einer Aufstiegshilfe

Signale

- Stellen des Pferdes gegen die Bewegungsrichtung (Einwirken über Strick oder Backenstück)
- Einzelimpulse mit dem Gertenknauf bzw. mit einem Finger zwischen Bauch und Flanke
- Schwingen mit dem Seil in Richtung der Hinterhand
- Körperposition des Menschen zum Weichen des Pferdes einsetzen
- Stimmhilfe, z.B. „geh rum"

„Wendung" (seitliches Weichen) um die Hinterhand

Bei der geführten Bodenarbeit mit einem Strick kann keine korrekte Hinterhandwendung im Sinne der klassischen Reitlehre durchgeführt werden, da diese eine Biegung der Längsachse des Pferdes erfordert. Dafür ist eine äußere Begrenzung durch Schenkel und Zügel (beim Reiten) oder einen äußeren Zügel (bei Arbeit an Langzügel bzw. Doppellonge) erforderlich. Zur Differenzierung wird hier deshalb der Begriff „Seitliches Weichen um die Hinterhand" verwandt.

Ziel/Durchführung

- Gehorsam auf seitwärtstreibende Hilfen fördern
- Vorbereiten der Hinterhandwendung unter dem Reiter
- Rangieren des Pferdes, beispielsweise bei der Übung „Rückwärts durch das Stangen-L"

Signale

- Körperposition in Höhe kurz vor der Schulter mit Blick in Richtung Vorderhufe des Pferdes; Körperausrichtung parallel zum Pferd
- Stellen des Pferdes in die Bewegungsrichtung (Einwirken über Backenstück oder Strick auf das Halfter
- Ggf. Stimmsignal
- Seitwärtstreibende taktile Hilfe mit der Gerte, Seil oder Hand an der Schulter oder am Vorderfußwurzelgelenk
- Beenden der Übung durch Stimmkommando, z.B. „und Halt" und das Geradestellen des Pferdekopfes und -halses

Reduzierte Hilfen

- Körperposition und -haltung
- Ggf. Stimmsignal
- Ggf. Antippen an Schulter bzw. seitwärtsweisender Arm

Seitwärtsweichen

Beim Seitwärtsweichen des Pferdes ähnlich einem Schenkelweichen ist das Pferd leicht gegen die Bewegungsrichtung gestellt und bewegt sich in etwa 45-Grad-Abstellung auf vier Hufschlägen vorwärts-seitwärts. Eine korrekte Ausführung von Seitengängen wie Schulterherein oder Travers ist nur mit Einrahmung durch einen zweiten Zügel (Langzügel, Doppellonge) oder hilfsweise durch Anlehnung an die Bande möglich, da für die korrekte Ausführung dieser Lektionen Biegung erforderlich ist.

Ziel/Durchführung

- Gehorsam auf vorwärts-seitwärts treibende Hilfen vom Boden aus
- Förderung der Durchlässigkeit
- Erlernen und Vorbereiten der Vorhandwendung unter dem Reiter durch Üben und Verstehen der Hilfengebung vom Boden aus
- Unterstützung des Reiters beim Schenkelweichen vom Boden aus
- Stellen des Pferdes (nur im Genick) gegen die Bewegungsrichtung, Seitwärtsweichen entlang der Bande, Abstellung max. 45 Grad, bei „Einrücken" im Westernreiten bis zu 90 Grad, Feinabstimmung von Hand und Gerte vorwärts-seitwärts, Korrekturen wie beim Reiten immer ins Vorwärts

Signale

- 1. Führposition, Führen des Pferdekopfs am Backenstück des Halfters oder
- 2. Führposition, Körperposition auf Höhe der Schulter, Körperachse parallel zum Pferd
- Impulse mit Gerte oder Leitseil an der Hinterhand oder
  im Moment des Vortretens an den einzelnen Beinen oder
  ohne Gerte mit Finger-Impulsen
- Evtl. Stimmkommando

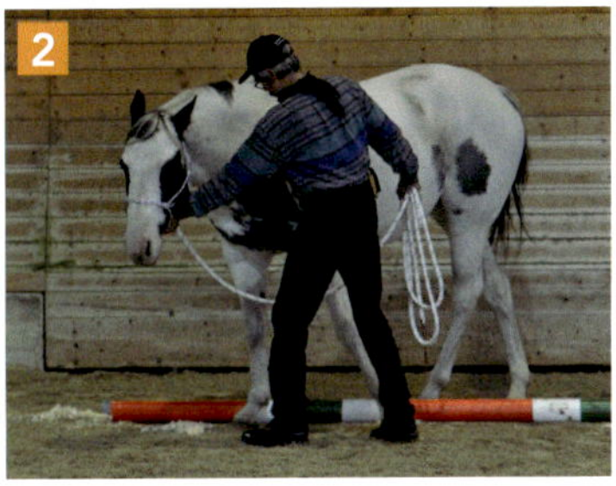

Reduzierte Signale

Durch schrittweise Verfeinerung der Signalgebung kann das Seitwärtsweichen über die Körperposition, Körperhaltung und Blickrichtung des Menschen ausgelöst und beibehalten werden.

Variationen

- Unbedingt auf beiden Händen üben
- Übung als Viereck verkleinern und vergrößern auf einer diagonalen Linie anlegen (Foto 1)
- Abstellung bis 90 Grad (schwer): bei Militär/Polizei (Einrücken), beim Western Trail (mit Stange zwischen Beinen) (Foto 2)

■ Führen auf gebogener Linie/Slalom um Pylone

Diese Übung erfordert eine gute Tempokontrolle und die Bestimmung der Laufrichtung, weil sie ohne Anlehnung an einer Bande durchgeführt wird. Die Wendung in die neue Bewegungsrichtung wird bereits eingeleitet, wenn die vorherige gebogene Linie gerade abgeschlossen ist.

Ziel/Durchführung

- Die Übung ist gut geeignet, um Bodenarbeit mit anschließendem Reiten zu verbinden. Der Abstand der Pylonen ist von Gangart, Größe und Gymnastizierungsgrad des Pferdes abhängig.
- Es können etwa fünf Kegel, auf der Mittellinie in einer 40 m langen Reithalle gleichmäßig verteilt, ein Orientierungswert für noch nicht intensiver geschulte Großpferde sein.

Signale (Mensch außen):

- Position kurz vor der Schulter, demonstrative, anfänglich übertriebene Wendung des Körpers und vor allem des Schultergürtels in die neue Bewegungsrichtung
- seitwärtsweisender Gertenknauf vor der Brust bzw. erhobener Arm in Augenhöhe des Pferdes
- Schulterkontrolle durch Verschieben der Pferdeschulter, ggf. Touchieren der Schulter
- Ggf. Temporeduktion durch verhaltende Hilfen

Signale (Mensch innen):

- Position in Höhe des Widerristes bzw. der Sattellage
- Menschenschulter betont auffällig bzw. übertreibend in die neue Richtung drehen

Die Führperson sollte nicht zu nah am Pferd gehen

- Evtl. Stimme lockend einsetzen
- Tempoerhöhung durch vorwärtstreibende Signale

Reduzierte Signale
- Richtungsänderungen über Körperposition und -haltung, insbesondere Drehen des Schultergürtels. Ggf. leichte Einwirkung am Halfter (Mensch innen) oder seitwärtsweisende Hilfe durch Hand, Gerte oder Bodenarbeitsseil (Mensch außen)

Variante/erschwerte Aufgabenstellung
- Der Mensch geht ein gleichmäßiges Tempo und das Pferd muss jeweils sein Tempo anpassen, d.h. in der Außenkurve schneller und in der Innenkurve langsamer gehen (Pferd außen – fleißiger; Pferd innen – ruhiger).
- Pferd geht um die Pylonen und die Führperson geht in 2. Führposition mit Abstand außerhalb der Pylonen.

Arbeit in den Ecken

Ziel/Durchführung
- Gymnastizieren des Pferdes durch Führen in einem engen Kreisbogen
- Dabei die äußere Begrenzung einer Ecke innerhalb einer Reithalle oder eines Reitplatzes nutzen, um das Pferd in seiner Längsachse biegen zu können
- Je eine Pylone in den Ecken eines eingezäunten Areals (mindestens zwei, besser vier)
- Abstand der Pylone von der Bande/Umgrenzung etwa 2–3 m bei symmetrischem Aufbau mit gleichmäßigem Abstand von beiden Banden
- Wechsel zwischen ein bis zwei Volten um eine Pylone und Geradeaus-Führen zwischen den Ecken
- Der Durchmesser des vom Pferd minimal zu beschreitenden Kreises ist von individuellen Voraussetzungen abhängig (Größe des Pferdes, Ausbildungsstand und Gymnastizierungsgrad, Motivation und Konzentration). Das Pferd soll sich – so weit anatomisch möglich – vom Genick bis zum Schweif gleichmäßig auf der Kreislinie biegen, auf der es sich bewegt. Als Orientierungswert kann ein Durchmesser von mindestens 6–8 m herangezogen werden.
- Handwechsel, Erholungsphasen, eine genaue Beobachtung und ein rechtzeitiges Beenden der Übung schützen vor einer Überforderung.

Signalgebung
- Körperposition 1. Führposition in Widerristhöhe
- Der Führende bleibt auf Widerristhöhe im rechten Winkel zum Pferd.
- Vorwärtstreiben mit Stimmsignal und Gerte bzw. Bodenarbeitsseil an der Hinterhand des Pferdes

Kurzlonge/Bodenarbeitsseil

Die Arbeit in der 2. Führposition ist mit zunehmendem Abstand bis zum normalen Longieren (siehe Kap. 7, S. 153) ausbaufähig. Die Ausrüstung variiert je nach Abstand vom Pferd und der Aufgabenstellung. Das Pferd wird mit Knotenhalfter/Halfter mit Kurzlonge oder Bodenarbeitsseil, bei anschließendem Longieren mit Longierausrüstung mit Kappzaum und/oder Trense ausgerüstet und muss mit der treibenden Hilfe gut erreichbar sein (Bodenarbeitsseil, Bodenarbeits- oder Handarbeitsgerte, Longierpeitsche).

Ziel/Durchführung

- Die 2. Führposition mit Abstand ermöglicht ein gutes Beobachten des Pferdes. Sie ist geeignet, um bei Platzmangel durch Hindernisse zu führen, wenn der Mensch nicht die Position vor dem Pferd einnehmen will oder kann. Die Übung eignet sich auch gut als Vorbereitung zum Verladen (siehe Kap. 7, S. 150).

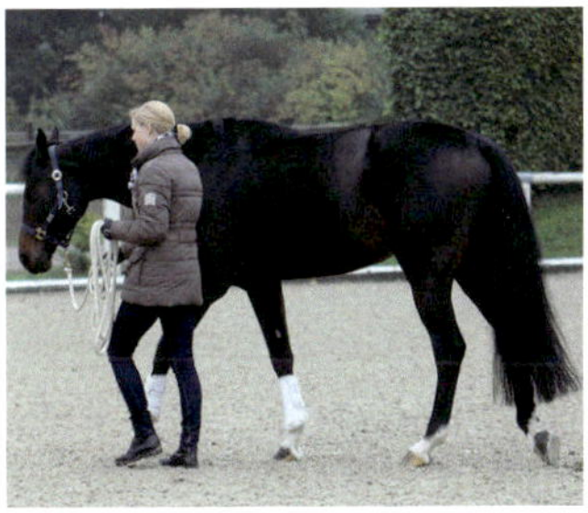

Übergang von der 1. zur 2. Führposition (hier mit Leitseil)

Signalgebung

- Die Führperson bewegt sich neben dem geradeaus oder auf einer Kreislinie gehenden Pferd und rahmt es zwischen der Hand mit Kontakt (z.B. über Longe) zum Pferdekopf und Gerte bzw. Bodenarbeitsseil ein. Der Körper ist dabei nach vorne bzw. parallel zur Pferdeachse ausgerichtet. Eine Position vor der Schulter wirkt verhaltend, eine Position Richtung Hinterhand treibend.
- Zur-Seite-Weisen mit Gerte/Peitsche oder Leitseilschwingen Richtung Schulter und ggf. Touchieren

Variationsmöglichkeiten:

- Longieren im Oval in einem kleinen Rechteck (z.B. 14 x 20 m). Ggf. mit Gangartwechsel: an der kürzeren Seite Schritt, an der längeren Seite Trab
- Übergänge zwischen Führen 1. Führposition, 2. Führposition am Pferd, 2. Führposition mit Abstand vom Pferd bzw. Kurzlonge und Longieren Fließende Übergänge möglich!
- Die meisten Stangenhindernisse und GHP-Schreckhindernisse (siehe S. 145 ff.) können auch in der 2. Führposition an der Kurzlonge mit Abstand durchgeführt werden.

Führen von Hufschlagfiguren

Das Führen von Hufschlagfiguren wie Volten, Aus-der-Ecke-Kehrt oder Schlangenlinien dient in erster Linie dem Erlernen des sicheren Führens und dem sich Bekanntmachen mit der korrekten Linienführung dieser Figuren. Hat der Führende bereits am Boden eine genaue Vorstellung von den Figuren erhalten, werden sie ihm später vom Sattel aus leichter fallen.

Führen einer Volte

Vorführen auf der Dreiecksbahn

Das Vorführen auf der Dreiecksbahn ist Teil der Bodenarbeit. Es wird geprüft, ob der Prüfling nach folgenden Regeln sein Pferd auf einer Dreiecksbahn vorstellen kann:

- Beide Zügel werden beim Führen zwei bis drei Handbreit hinter den Trensenringen ergriffen und durch Zeige- und Mittelfinger geteilt. Die Zügelenden werden gefaltet in die rechte Hand gelegt.
- Der Vorführer hält beim Führen die Zügel (mit den Zügelenden offen oder geschlossen) nur in der rechten Hand, die ruhig in angemessener Höhe und in jeder Gangart mit dem Pferdekopf mitgeht.
- Das Pferd wird 3–4 m vor den Richtern so aufgestellt, dass diese es im Seitenbild „offen" aufgestellt sehen: die den Richtern zugewandten Pferdebeine geöffnet, die den Richtern abgewandten geschlossen.
- Nach dem Halten und korrekter „offener" Aufstellung tritt der Führende von der Schulter aus vor das Pferd (er beginnt mit seinem rechten Fuß).
- Sobald der Führende vor dem Pferd steht, teilt er die Zügel folgendermaßen: Der rechte Zügel ist in der linken Hand, der linke Zügel mit dem Zügelende liegt in der rechten Hand.

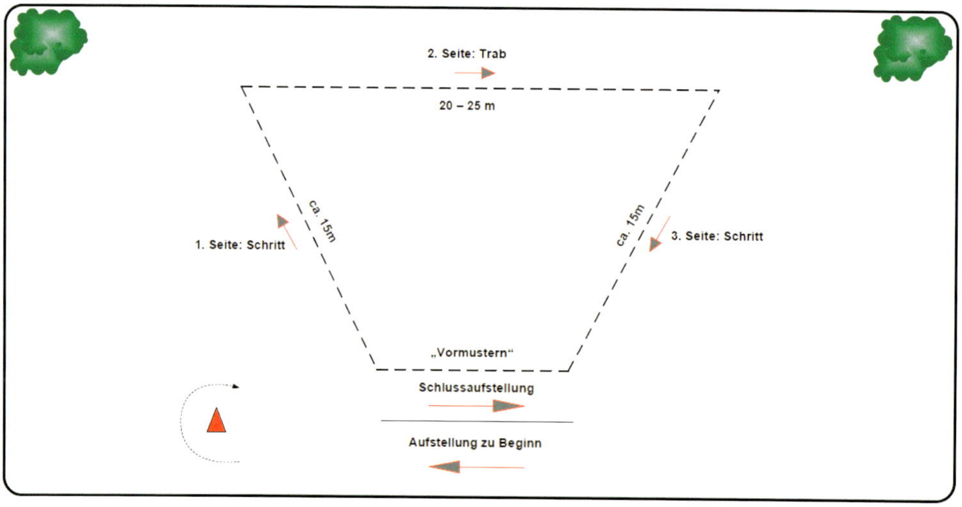

- Der Führende nennt Informationen zum Pferd zum Beispiel: Name des Pferdes, Alter, wahlweise Abstammung, Name des Reiters.
- Nach Aufforderung durch die Prüfer tritt der Führende zurück an die Schulter, nimmt die Zügel wieder in die rechte Hand und führt dann sein Pferd im Schritt von der Richtergruppe weg auf die erste Wendemarke der Dreiecksbahn zu.
- Wendungen werden grundsätzlich nach rechts ausgeführt.
- Nach Passieren der ersten Wendemarke trabt der Führende sein Pferd im Trab an. Kurz vor Erreichen der zweiten Wendemarke pariert er sein Pferd zum Schritt durch und kommt wieder auf die Richtergruppe zu, dort wird das Pferd an der Richtergruppe vorbeigeführt, nach rechts gewendet und zur Schlussaufstellung wieder offen aufgestellt, sodass die Richter das Pferd von der anderen Seite im Seitenbild betrachten können.

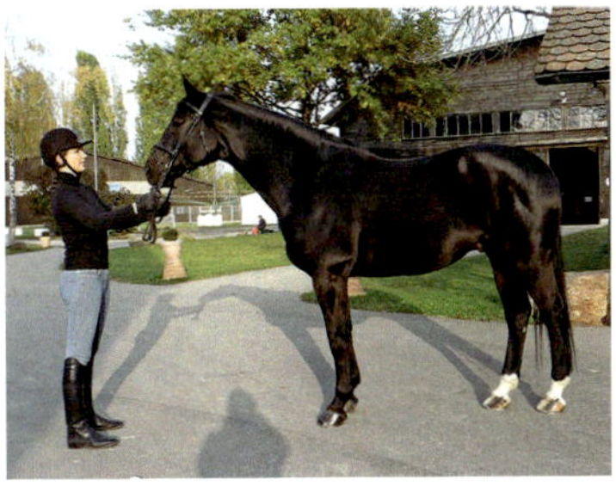

Aufstellung vor den Richtern

Bewertet werden die Korrektheit der Ausführung, die Hilfengebung und die Harmonie zwischen Führendem und Pferd.

6.5 Geschicklichkeits-/Stangentraining

Das Führen des Pferdes über oder zwischen am Boden liegende Stangen stellt eine Fortführung der Arbeit am Boden dar und wird bereits seit Längerem in den Aktions- und Präzisions-Parcours der Allround-Wettbewerbe (siehe FN-Broschüre Allround-Wettbewerbe) und auch in den Gelassenheitsprüfungen (GHP) geführt und auch geritten verlangt. Durch diese abwechslungsreiche Arbeit können Geschicklichkeit, Geschmeidigkeit und Ausgeglichenheit des Pferdes gefördert werden. Die Verwendung von Stangenhindernissen erfordert ein besonders präzises Vorgehen bei geringer Einwirkung durch den Führenden. Das Ziel ist ein harmonisches Miteinander von Mensch und Pferd. Darüber hinaus bringt die Arbeit über Stangen Abwechslung in die geführte Bodenarbeit, fördert die Aufmerksamkeit und motiviert Pferd und Mensch. Ein Berühren der Stangen bzw. Übertreten gilt als Fehler.

Als Grundlage für das Stangentraining sollten die grundlegenden Übungen des Führtrainings wie Tempo- und Gangartkontrolle, Anhalten, Führen auf gebogenen Linien beherrscht und in den Aufwärmphasen vor der eigentlichen Stangenarbeit abgefragt und geübt werden. Die Hinweise zum Führtraining (s. S. 122) gelten auch für das Geschicklichkeitstraining. Auch beim Geschicklichkeitstraining ist es wichtig, die Hindernisse von beiden Seiten aus zu üben.

Zur Verdeutlichung hier einige mögliche Hindernisübungen:

6.5.1 Übungsbeispiele Geschicklichkeitstraining

Übungen mit einer Stange

VORBEREITUNG: Vorsetzen einzelner Beine durch Berührungen mit der Gerte. Dies ist vor allem bei der Übung „Stange zwischen den Hinterbeinen" notwendig, da diese Übung für die Pferde aus dem Schritt heraus recht schwierig ist.

Ziel/Durchführung

- Überprüfung der Reaktion auf eine Stange (gelassen, ängstlich, springend)
- Abfragen von Gehorsam (unverzügliches Anhalten und Abwarten, Bleiben, bis Signal zum Weitergehen erfolgt)
- Wecken von Aufmerksamkeit auf die Stangenarbeit (verringert Verletzungsgefahr)
- Förderung der Trittsicherheit
- Aufbau: eine einzeln liegende Stange (nach Möglichkeit festliegend)

Signalgebung

- Positionen und Signale: Führen, Anhalten, Stehenbleiben, Losgehen (s. oben)
- Das Anhalten über der Stange kann durch wechselseitiges Herantreiben der einzelnen Beine, durch Berührungen mit der Gerte aus dem Halten heraus oder aus dem Schritt heraus oder durch Kombination beider Methoden durchgeführt werden.

Variationen

1. Vor der Stange stehen bleiben (aus dem Schritt heraus)
2. Bis direkt an die Stange herantreiben (durch wohldosiertes Berühren der einzelnen Vorder- bzw. Hinterbeine, die als Nächstes vortreten)
3. Mit der Stange zwischen Vorder- und Hinterbeinen stehen bleiben (Foto)
4. Mit der Stange zwischen den Vorderbeinen stehen bleiben
5. Mit der Stange zwischen den Hinterbeinen stehen bleiben

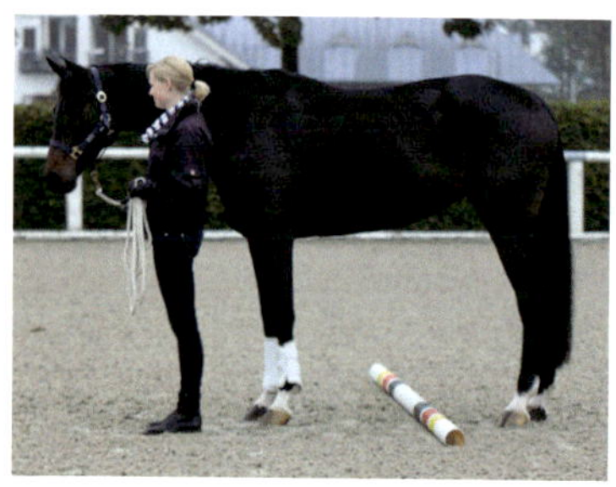

Stangen-L vorwärts

Aufbau: Abstand zwischen den Stangen erst weiter, kann bis auf 1 m verringert werden

Ziel/Durchführung

- Ruhiges, konzentriertes, bei jedem Schritt kontrolliertes Gehen, Anhalten, Stehenbleiben, Antreten und Seitwärtstreten des Pferdes
- Erhöhte Aufmerksamkeit, verbesserte Balance und Koordination des Pferdes

- Ruhiges konzentriertes Hineinführen bis vor die erste Stange, dabei vorher mehrfach anhalten
- Vor der Ecke anhalten, ggf. Wechseln der Führseite
- Schritt für Schritt nach innen gestellt durch die Wendung: Vorhand nach innen, vorwärtsschreiten, Hinterhand nach außen usw.; dabei ruhiges Bewegen einzelner Beine
- Zwischendurch immer wieder stehen bleiben, Pferd „nachdenken" lassen, bis die einzelne Bewegung verarbeitet ist

- Wieder antreten lassen und herausführen
- Nach Heraustreten aus der letzten Gasse noch mal anhalten
- Zum Abschluss Pferd mit Biegung durch das Stangen-L führen (Hinterhufe in der Spur der Vorderhufe)
- Bei „Fehlern" anhalten, ggf. rückwärtstreten lassen, ggf. von vorn beginnen
- Übung von der anderen Seite aus wiederholen

Signalgebung

- Positionen und Signale: Führen, Anhalten, Stehenbleiben, Seitwärtswenden
- Zusätzlich Wechsel der Position: Führperson dirigiert das Pferd in der Wendung von außen
- Führperson läuft teilweise außerhalb der Stangen

Variation: Stangen-L rückwärts

(Den Abstand zwischen den Stangen anfangs recht weit wählen.)

1. Zunächst das Pferd nur ein Stück zwischen die zwei Stangen führen und wieder geradeaus rückwärtstreten lassen, bis es wieder aus den Stangen herausgetreten ist.
2. Ggf. wiederholen.

3. Pferd vorwärts bis hinter die Ecke führen, dann ganz langsam in der Mitte der Gasse rückwärtstreten lassen. Kombination aus Seitwärtstretenlassen der Vorder- und Hinterbeine und einzelnen Rückwärtstritten in der Wendung von außen aus. Immer wieder stehen lassen.
4. Position außen vor der Schulter, Richtung Pferdehinterbeine schauend. Relativ kurzer Strick bzw. Zügel.

Signale

- Führperson in Wendung außen

- Rückwärtstreten, Weichen um die Vorhand, Weichen um die Hinterhand (SIEHE S. 121). Stimme „Zurück", kurze Signalgebung mit Strick, Gerte oder Leitseil an die Brust oder Beine einzeln antippen (Höhe Vorderfußgelenk bzw. Sprunggelenk)
- Zusätzlich: Seitwärtstreten lassen der Hinter- und Vorderbeine von der „Außenkurve" aus

Bei Gelassenheitsprüfungen werden die Pferde in der Stangengasse etwa 4 m oder im Stangen-L rückwärtsgerichtet. Der Führende darf das Pferd durch Stimmhilfe, leichten Druck auf den Zügel und leichten Druck gegen Schulter oder Brust zurücktreten lassen. Beim Stangen-L darf der Führende während der Aufgabe die Seite wechseln.

Stangenlabyrinth

Ziel/Durchführung

- Biegungen nach rechts und links, zwischendurch geradeaus
- Förderung der Konzentration
- Schritt für Schritt, in jeder Position wieder anhalten können
- Aufbau: sechs Stangen, etwa 4 m lang, Abstand bis zur Schrittlänge reduzierbar (Schritt 0,80 m–0,90 m, Trab 1,20 m–1,40 m zum anschließenden Darüberreiten)
- Wie Stangen-L
- Hinterhufe in der Spur der Vorderhufe (Biegung)
- Von beiden Seiten üben
- Nicht mehr als etwa fünf- bis sechsmal üben

Signalgebung

- Führperson geht sehr langsam, immer wieder anhalten
- „Normale" 1. Führposition im Wechsel mit 2. Führposition
- Der Führende kann auch außerhalb der Stangen gehen, damit das Pferd in der Mitte der Gasse gehen kann
- Anhalten und Losgehen üben, Schrittzahl genau bestimmen
- Vor jeder Wendung anhalten
- Durch Einwirkung auf Halfter/Trense Pferdekopf und -hals mit ausgestrecktem Arm in die neue Richtung bewegen
- In den Wendungen außen begrenzen: außen laufen, Gerte in Augenhöhe neben dem Pferdekopf seitwärtsweisend, schrittweise um die Vor- und um die Hinterhand seitwärtstreten lassen durch Bewegen der Hinter- bzw. Vorderbeine
- Später auch ohne Anhalten durchgehen mit Biegung

Variation: Rückwärts durch das Labyrinth

- Wie Stangen-L, aber schwieriger, weil mehr Wendungen

Unregelmäßige Stangenreihe

Ziel/Durchführung

- Fördert Aufmerksamkeit und Trittsicherheit
- Aufbau: vier bis sechs Stangen auf 15–25 cm Höhe
- Für Schritt: zu Beginn Abstand für Großpferde 80–90 cm, danach können einzelne Stangen ausgelassen werden, zuletzt können Höhen und Abstände variiert werden
- Für Trab: die Abstände für Trab sollten generell eingehalten werden (Großpferde 1,20–1,40 m), einzelne Stangen können weggelassen und die Höhen variiert werden

Signalgebung

- In normaler 1. Führposition oder in 2. Führposition mit Abstand (Führperson läuft außerhalb der Stangen), an durchhängendem Strick
- Pferd mittig anführen
- Pferd schauen lassen mit tiefer Kopf-Hals-Haltung
- Im Schritt darüber führen mit tiefer Kopf-Hals-Haltung

Variationsmöglichkeiten beim Aufbau:

- später auch unterschiedliche Abstände

Stangenkreuz

Vier Stangen im Quadrat mit den Enden so übereinanderliegend, dass jeweils das eine Ende über und das andere Ende unter der Nachbarstange liegt (siehe auch Broschüre zu FN-Allroundprüfungen). Die Enden müssen sich weit genug überkreuzen, damit das Pferd zwischen die Stangenkreuze treten kann.

Ziel/Durchführung

- Fördert Aufmerksamkeit und Trittsicherheit
- Erst über die Mitte der langen Seiten, danach durch die Diagonale über die Kreuze führen
- Zuerst Stangenenden auseinanderlegen mit Abstand zwischen den Stangenenden
- Als Quadrat auf dem Boden auslegen
- Zuerst nur ein Kreuz bilden und Pferd zunächst über die langen Seiten, danach über die Spitze mit der erhöhten Stange führen
- Alle Kreuze bilden
- Pferd durch die Diagonale über die erhöhten gekreuzten Stangen führen

Signalgebung

- In normaler 1. Führposition an durchhängendem Strick
- Pferd mittig anführen, die Führperson geht seitlich der Mitte

Bei Gelassenheitsprüfungen wird das Pferd einmal diagonal über die Stangenkreuze geführt. Es soll die Stangen aufmerksam überschreiten, möglichst ohne sie zu berühren.

Stangenfächer/Stern

Beim Stangenfächer werden mehrere Stangen sternförmig auf einer in der Mitte erhöhten Unterlage (z.B. Hindernisständer, Autoreifen) aufgelegt. Das Pferd wird auf einer gebogenen Kreislinie über die Stangen geführt. Die Anzahl der Stangen, die Abstände zwischen den Stangen und die Höhe der Stangen sind variabel und schrittweise zu steigern.

Signalgebung

Geführt werden kann innerhalb oder außerhalb des Kreises, den das Pferd schreitet. Der Weg innerhalb hat den Vorteil, dass dabei der Fluchtweg des Pferdes nach außen hin nicht versperrt ist, der Weg außerhalb kann dagegen abhängig von der Höhe der Stangen für den Menschen einfacher sein. Das Pferd wird am Halfter geführt und durch Anheben der Knie aufgefordert, die Stangen hoch genug und sicher zu überschreiten.

Bei Gelassenheitsprüfungen läuft der Pferdeführer an der Außenseite, das Pferd läuft an der Innenseite über die Stangen. Das Pferd soll aufmerksam und willig über die Stangen treten, ohne sie zu berühren.

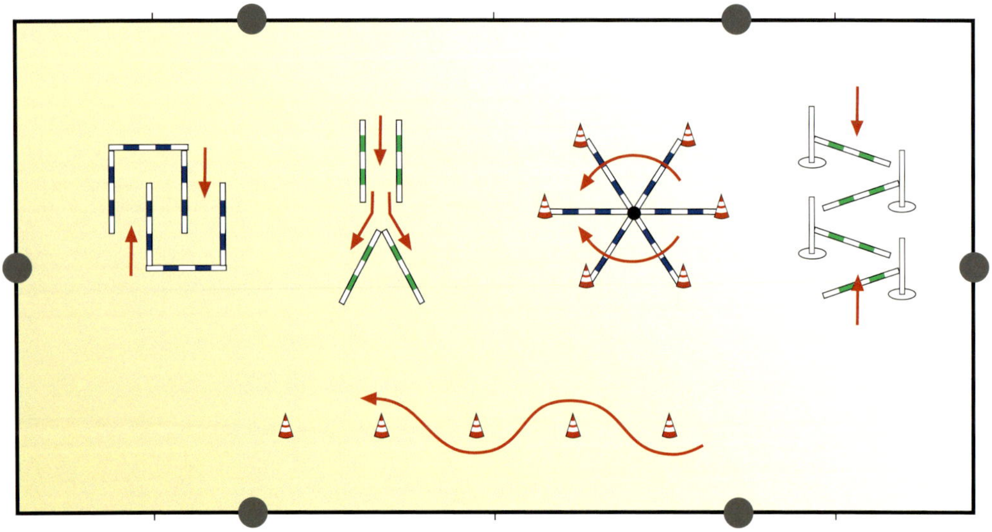

So könnte ein kleiner Stangenparcours mit unterschiedlichen Geschicklichkeitshindernissen aussehen.

Sicherheitshinweise Geschicklichkeits-/Stangen- und Gelassenheitstraining
- Selbst immer ruhig bleiben
  Festes Schuhwerk und Handschuhe
- Strick nie um die Hand wickeln
- Gamaschen an den Pferdebeinen
- Festliegende Stangen, z.B. Halbstangen/Zaunriegel
- Vorab unbedingt Reaktion auf Stangen prüfen
- Pferd nicht überfordern! Schrittweise vorgehen
- Ausreichenden Sicherheitsabstand zwischen den Pferden einhalten (3 Pferdelängen)!

6.6 Gelassenheitstraining

Das Gelassenheits- oder auch Schrecktraining basiert auf dem Prinzip der Desensibilisierung (SIEHE KAP. 4, S. 67). Dabei werden Pferd und Führender mit verschiedenen Alltagssituationen konfrontiert, wobei die Stärke der Schreckreize stufenweise immer nur so weit gesteigert wird, dass keine Fluchtreaktion ausgelöst wird. Zusätzlich wird die Neugier des Pferdes genutzt, damit es sich dem Schreckreiz freiwillig nähert und das unbekannte Objekt untersucht, um schließlich gelassen daran vorbei- oder darüberzugehen.

Auch wenn zunächst nur die Reaktion auf die jeweilige Aufgabe trainiert wird, verringert das Gelassenheitstraining generell die Schreckhaftigkeit des Pferdes in Alltagssituationen und vergrößert den Einfluss der Führperson auf das Pferd durch die besser eingespielte Kommunikation in Angst auslösenden Situationen. Durch das Training und die Konfrontation mit diesen Herausforderungen wird das Pferd zu einem zuverlässigen Partner des Menschen. Ein nervenstarkes und gelassenes Pferd bedeutet gleichzeitig ein deutlich höheres Maß an Sicherheit, aber auch in Wettbewerbssituationen wird sich ein derart trainiertes Pferd nicht so leicht ablenken lassen.
Zur Überprüfung der Gelassenheit wird seit vielen Jahren die GHP, die Gelassenheitsprüfung, angeboten (SIEHE AUCH FN-GHP-BROSCHÜRE).

Als gelassen gilt ein Pferd, wenn es die in der GHP verlangten Aufgaben aufmerksam, aber trotzdem ruhig und gehorsam mit einer deutlich erkennbaren Bereitschaft zur Mitarbeit bewältigt. Bei der Gelassenheit geht es nicht um die Unterdrückung des natürlichen Fluchtinstinkts des Pferdes, sondern darum, das Vertrauen zum Menschen als ranghöheren Partner zu fördern und das Pferd dadurch zu mehr innerer Ruhe zu bringen.

Die Übungen zur Gelassenheit werden zur Sicherheit zunächst in der Reithalle bzw. auf einem umzäunten Reitplatz durchgeführt, damit das Pferd im Fall eines massiven Erschreckens und möglichen Losreißens nicht unkontrolliert davonstürmt und sich oder andere möglicherweise noch verletzt.

- Als Grundlage des Gelassenheitstrainings sollten die grundlegenden Übungen des Führtrainings wie Tempo- und Gangartkontrolle, Anhalten, Führen auf gebogenen Linien beherrscht und in der Aufwärmphase noch mal aufgefrischt werden.
- Das Pferd soll mit leicht durchhängendem Zügel bzw. Strick fleißig neben der Führperson hergehen.
- Um die Verletzungsgefahr zu verringern, sollten Begrenzungslinien der zu begehenden Gassen besser mit Sägespänen statt Stangen markiert werden.
- Die Führperson sollte immer neben dem Pferd auf der Seite führen, die zwischen Schreckreiz und Pferd liegt, damit der potenzielle Fluchtweg nach vorwärts-seitwärts freigehalten wird! Dies sollte auch in Alltagssituationen berücksichtigt werden!
- Bei ängstlichen Pferden kann die Akzeptanz der Schreckhindernisse beschleunigt werden, wenn sie zunächst andere Pferde beim Kontakt mit dem unbekannten Objekt beobachten können und/oder wenn sie einem sicheren Führpferd folgen können (SIEHE AUCH KAP. 4, S. 60 FF.).
- **Achtung:** Scheuen wirkt unter den Pferden oft ansteckend. Deshalb zunächst einzeln üben bzw. ausreichenden Sicherheitsabstand einhalten! Beim gemeinsamen Training ist besondere Vorsicht geboten, weil Bewegungen oder Geräusche beispielsweise beim Betreten einer Plane auch andere Pferde erschrecken können.

6.6.1 Übungsbeispiele Gelassenheitstraining

Hier eine kleine Auswahl möglicher Schreckhindernisse (weitere in der GHP-Broschüre):

Regenschirm (GHP)

Das Pferd soll gelassen ohne Scheuen durch eine Gasse direkt an mehreren Personen mit Regenschirmen entlanggehen, auch wenn diese aufschnappen. Dadurch wird das Pferd an einen optischen Schreckreiz gewöhnt, mit dem es auch im Alltag konfrontiert sein kann.

Aufbau

- Führposition zwischen Schirmen und Pferd!
- Sägespänegasse als Markierung, bis zu welcher Linie die Pferde beim Vorbeigehen an dem Schreckhindernis ausweichen dürfen. Möglichst keine Stangen, auch keine befestigten Bodenstangen verwenden. Verletzungsgefahr!
- Mehrere Personen mit Regenschirmen, zunächst geschlossen.
- Einzeln und von beiden Seiten üben.

Einzelschritte

- Gewöhnung an die Sägespäne am Boden

- Führen durch die Sägespänegasse
- Aufspannen eines Schirmes in sicherer Entfernung des Pferdes/der Pferde
- Führen des Pferdes in der Nähe eines einzelnen aufgespannten Schirmes
- Erkunden Lassen des Schirmes
- Aufspannen weiterer Schirme
- Vorbeiführen
- Öffnen von Schirmen während des Vorbeiführens
- Aufschnappen Lassen von Schirmen, Beobachtung aus sicherer Entfernung
- Aufschnappen Lassen von Schirmen während des Vorbeiführens

Rappelsack, Klapperkarre (GHP)

Durch das Training mit dem Rappelsack wird das Pferd daran gewöhnt, einen unbekannten akustischen Reiz am Boden zu akzeptieren.

Aufbau

- Als Rappelsack eignet sich ein mit Konservendosen gefüllter Jutesack an einem Seil zum Ziehen.
- Rappelsack zunächst am Boden, später über eine Stangen, Holzklötze oder Backsteine neben dem Pferd herziehen

Einzelschritte

- Mit Rappelsack in großem Abstand vom Pferd rappeln (Helfer benötigt)
- Mit Rappelsack in Abstand vom Pferd hin und her laufen
- Pferd den Rappelsack mit der Nase untersuchen lassen (nicht rappeln)
- Erst das Pferd folgen lassen, dann allmählich den Helfer mit Rappelsack in Schulterhöhe, dann in Höhe der Sattellage und schließlich hinter dem Pferd mit genügend Sicherheitsabstand gehen lassen
- Sich dem Pferd immer weiter nähern, am Ende um das Pferd herumlaufen
- Mit dem Pferd mit Rappelsack in der einen und dem Pferd am Strick in der anderen Hand herumlaufen
- Geräusch verstärken, indem man den Rappelsack über eine unebene Fläche zieht
- Pferd mit dem Rappelsack berühren, am besten an der Schulter
- In der GHP: Markierung des Weges, den das Pferd nicht verlassen darf, mit Sägespänen aufzeichnen.

Plane am Boden

Durch das Überschreiten einer Plane wird das Pferd an einen unbekannten Untergrund gewöhnt, der durch seine Konsistenz und die Geräusche beim Betreten zunächst furchteinflößend wirkt. Durch Training mit Planen werden Pferde auch besser auf Alltagssituationen vorbereitet, mit denen sie beim Ausreiten häufig konfrontiert sind (Siloplanen, Futtersäcke, Plastiktüten).

Aufbau

Zwei große, feste Planen (am besten Lkw-Planen oder Ähnliches, die sich nicht zwischen Huf und Hufeisen einklemmen können)

Führperson nicht vor, sondern neben dem Pferd gehend, falls das Pferd über die Planen springt

Einzelschritte

- Übung kann in der Gruppe mit sehr weiten Abständen geübt werden
- Führen zwischen zwei weit auseinandergezogenen Planen
- Planen immer weiter zusammenziehen
- Zuerst läuft nur der Mensch über die Planen (Gewöhnung an das Geräusch)
- Pferd Planen untersuchen lassen, wann immer es möchte. Typisch ist Riechen und Schnauben mit langem Hals, Berühren der Planen, Untersuchen mit dem Huf. Ggf. mit Hand oder Gerte zunächst die Planen berühren

Flatterbandvorhang (GHP)

Beim Durchschreiten des Flatterbandvorhangs muss das Pferd einen unbekannten optischen Schreckreiz akzeptieren, der sich zudem noch über seinem Kopf befindet und seinen Körper berührt.

Aufbau

- Vorhang ca. 2,30 m hoch, 2,50–3,00 m breit, Flatterstreifen enden etwa 0,50 m über dem Boden

Einzelschritte

- Pferd an Vorhang vorbeiführen
- Flattervorhang untersuchen lassen
- Pferd durch Vorhang mit großer Lücke führen, Lücke langsam verkleinern
- Pferd durch geschlossenen Vorhang führen
- Gut: Hinter erfahrenem Führpferd

KAPITEL 7

GRUNDLAGEN DES VERLADENS UND LONGIERENS

Gesamtes Kapitel ist Prüfungswissen

7.1 Verladen – Sicherheit, Vorgehen

Das Verladen eines Pferdes auf einen Anhänger oder Lkw gehört nicht zu den Übungen der geführten Bodenarbeit, ist aber letztlich auch eine Beschäftigung mit dem Pferd vom Boden aus und soll deshalb an dieser Stelle kurz erläutert werden.

Nicht nur für Turnierpferde gehört es zu den alltäglichen Erfordernissen, auch jedes andere Pferd sollte sich stressfrei verladen lassen, und sei es nur, um im Notfall zur Tierklinik gefahren werden zu können. Ein gut erzogenes Pferd wird im Allgemeinen keine oder wenige Probleme haben, dem Menschen gehorsam und vertrauensvoll in den Hänger zu folgen. Hilfreich ist es auch, wenn bereits im Fohlenalter mit dem Verladetraining begonnen wurde. Pferde, die als Fohlen neben ihrer Mutter das Ein- und Aussteigen und auch das Gefahrenwerden ohne negative Erlebnisse kennengelernt haben, werden auch später kaum Schwierigkeiten mit dem Pferdehänger haben (SIEHE KAP. 4, S. ???).

Anders sieht es aus, wenn die Mutterstute schon ein Problempferd beim Verladen war und dem Fohlen ein schlechtes Beispiel gab. Oder wenn es beim Verladen oder während der Fahrt zu Zwischenfällen kam, die das Pferd traumatisiert haben. Aber auch ein unsicherer Umgang mit dem Pferd kann dazu führen, dass sich ein Pferd dem Verladen widersetzt.

Eine regelmäßige Beschäftigung mit geführter Bodenarbeit kann hier eine gute Voraussetzung bieten, Pferd und Mensch besser aufeinander abzustimmen und ganz zwanglos die so wichtigen Rangverhältnisse zu klären und Vertrauen aufzubauen. Auf jeden Fall sollte Verladen vor einer geplanten Fahrt in entspannter Atmosphäre geübt werden, damit es unter Termindruck gar nicht zu Stresssituationen kommt. Eine klare Signalsprache, sicheres Führen, wenn möglich bereits über Planen und/oder Holzbohlen (z.B Wippe oder Steg/Brücke), können das Üben auf jeden Fall erleichtern.

Das Pferd im Rahmen der geführten Bodenarbeit an das Betreten und Überschreiten einer Holzbrücke zu gewöhnen, kann auch für das spätere Verladen sehr hilfreich sein.

Sicherheitsaspekte beim Verladen

Soll ein Pferd auf den Hänger verladen werden, sind zunächst einige grundsätzliche Sicherheitsaspekte zu beachten:

1. Zum Verladen ist geeignetes Schuhwerk zu tragen (Reitstiefel, feste Schuhe).
2. Beim Verladen empfiehlt sich das Tragen von Handschuhen.
3. Der angehängte (oder mit den Stützen aufgebockte) Pferdehänger sollte möglichst auf einem sicheren, eingezäunten Platz stehen. Niemals einen frei stehenden Hänger zum Verladen nutzen! Es besteht die Gefahr, dass er nach rückwärts überschlägt, sobald das Pferd die Rampe betritt!
4. Vor dem Aufladen überprüfen, ob die Anhängerkupplung sicher eingehakt ist.
5. Beim Zugfahrzeug Bremse anziehen, um Bewegung des Hängers beim Betreten der Rampe zu verhindern.
6. Kontrollieren, dass die Verschlusshaken der Rampe völlig unter die Rampe weggeklappt sind (Verletzungsgefahr!).
7. Das Pferd möglichst gerade auf den Hänger führen.
8. Das Anbinden auf dem Hänger sollte so lang geschehen, dass sich das Pferd während der Fahrt mit dem Hals ausbalancieren kann, jedoch so kurz, dass es nicht mit seinem Kopf unter die vordere Stange geraten oder mit den Vorderbeinen darüberspringen kann.
9. Vor dem Anbinden muss immer erst die hintere Stange zum Schließen eingehängt werden!
10. Losgebunden zum Ausladen wird das Pferd immer, bevor die hintere Stange geöffnet wird!
11. Beim Ausladen den Kopf des Pferdes leicht zur näher liegenden Wand drehen, damit es nicht schräg in diese Richtung tritt und rückwärts neben die Rampe tritt.

Vorgehensweise beim Verladen

Normalerweise wird das Pferd mit Halfter verladen, zum Führen eignet sich ein Führstrick, bei sehr verladesicheren Pferden genügt auch der Anbindestrick. Zum Schutz der Pferdebeine empfiehlt sich das Anlegen von Transportgamaschen, außerdem sollte (außer bei extremer Hitze) eine dem Wetter angepasste Decke aufgelegt werden.

Der Mensch führt das Pferd am Strick gerade und zügig auf den Hänger, wartet oben, bis ein Helfer die hintere Stange geschlossen hat, und bindet das Pferd dann mit dem Strick am Anbindehaken an bzw. hängt eine eventuell bereits im Transporter hängende Anbindekette in den Halfterring ein. Zögert das Pferd beim Betreten des Transporters, darf nicht am Führstrick gezogen werden, da dies eine Gegenreaktion des Pferdes (Zurückweichen und/oder Kopf hochreißen mit Anschlagen an der Hängerdecke) verursachen würde. Auch sollte der Führende das Pferd nicht von vorn anschauen, um nicht durch intensiven Blickkontakt bedrohlich zu wirken.

Methoden-Wahl

Für Pferde, die (noch) nicht so sicher auf den Hänger gehen, gibt es unterschiedliche Verladetrainings-Methoden. Sie hier alle zu erklären würde den Rahmen sprengen. Ganz gleich jedoch ob althergebrachte Longenmethode (Longen hinterm Pferd gekreuzt), Verladen mithilfe eines Bodenarbeitsseils aus der zweiten Führposition heraus oder einem Training mittels Gerten-Touchieren an der Schulter – das Verladetraining sollte sich immer an den modernen Lerntheorien orientieren (SIEHE KAP. 4), gegebenenfalls über geführte Bodenarbeit vorbereitet werden und ohne Gewalt auskommen. Jeglicher Druck sollte im Sinne negativer Verstärkung nur kurz angewandt und sofort ausgesetzt werden, wenn das Pferd eine Bewegung in die richtige Richtung macht. Auf diese Weise wird dem Pferd in dieser Situation ein Lernen, hier das stressfreie Betreten des Pferdehängers, erst nachhaltig ermöglicht. Dieses Prinzip gilt für alle Verlade-Methoden.

Auch die positive Verstärkung mittels Futterbelohnung eignet sich sehr gut für das stressfreie Verladen, wenn das Pferd zuvor mit dieser Methode vertraut gemacht worden ist und z.B. gelernt hat, auf Kommando einen Gegenstand, z.B. den Gertenknauf, zu berühren (und dafür belohnt zu werden). Wird dieser Gegenstand dann in den Hängerraum gehalten, ist das Pferd motiviert, ihn zu berühren, und wird den Hänger betreten. Nicht zu verwechseln ist diese Methode mit dem „Futterlocken", bei der dem Pferd dicht vor die Nase ein Futtereimer gehalten wird, mit dem gelockt wird. Auch wenn dies bei manchen Pferden zum Erfolg führt, fällt der nachhaltige Lernerfolg in der Regel geringer aus.

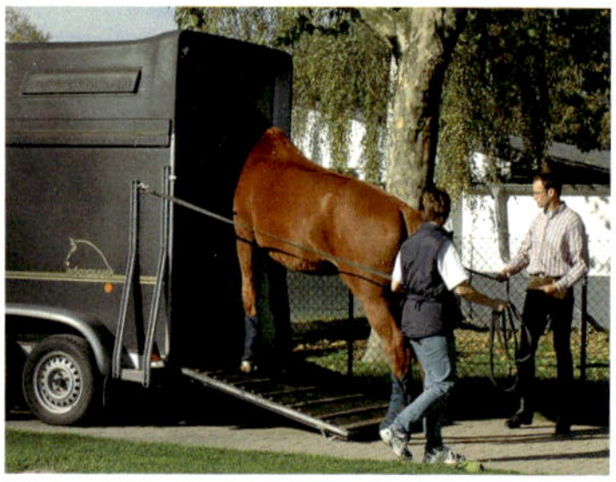

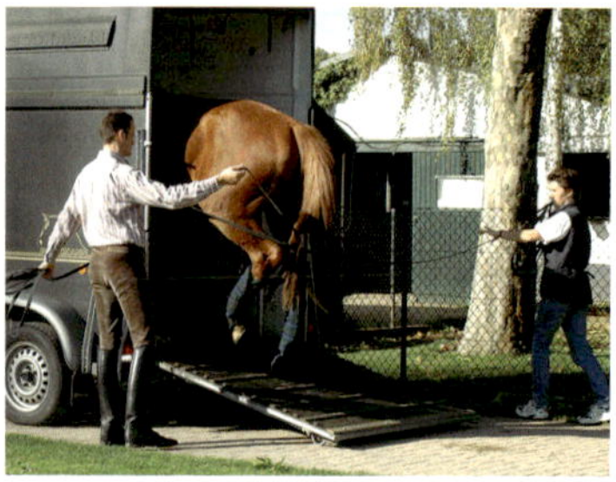

Auch beim Verladen mithilfe von Longen soll nach dem Prinzip negativer Verstärkung vorgegangen werden, um Stress zu verhindern und einen nachhaltigen Lernerfolg zu erzielen.

Unabhängig von der gewählten Methode ist jedoch der Einsatz bzw. die Verwendung von entsprechenden Helfern oder Hilfsmitteln möglich bzw. sinnvoll. Helfer (z.B. bei der Longen-Methode) müssen jedoch erfahren sein, damit es nicht zu riskanten Situationen kommt (Verheddern in den Longen, Überschlagen des Pferdes durch zu viel Druck u.Ä.), und sie müssen das Gespür für das richtige Timing haben und die Longeneinwirkung umgehend und punktgenau aussetzen, wenn das Pferd einen Schritt in die richtige Richtung macht. Über die Longen-Methode soll dem Pferd lediglich eine seitliche Führung gegeben werden, verbunden mit einer (geringen) negativen Verstärkung, um den Weg nach rückwärts zu versperren und bei gewünschter Reaktion durch Wegnahme des Drucks die gewünschte Aktion des Pferdes, das Vorwärtsgehen, zu verstärken. Ein mit den Longen gewaltsames Ziehen und Zerren des Pferdes auf den Hänger ist abzulehnen, da es das Pferd unter Stress setzt, einen Lernerfolg verhindert und darüber hinaus gefährlich ist.

Hilfsmittel, die eine seitliche Führung geben, sind auch bei den anderen Methoden sinnvoll. Vor allem zu Beginn des Trainings kann man zum Beispiel den Hänger so nah an einer sicheren Begrenzung parken, dass ein Ausweichen des Pferdes zu dieser Seite nicht mehr möglich ist, und stattdessen dem Pferd das „Anbieten" der gewünschten Reaktion – nach vorwärts gehen – erleichtert. Grundsätzlich ist festgestellt worden, dass ein Verladetraining auf der Basis negativer Verstärkung am besten zum Erfolg führt.

Ein größeres Platzangebot über eine seitlich diagonal gestellte Mittelwand (bei einem Zweipferdehänger) oder aber der Einsatz eines zweiten, ruhigen und verträglichen Pferdes, das im Beisein des Neulings bzw. Problem-Kandidaten aufgeladen wird und damit zur Nachahmung einlädt und auch beruhigend wirkt, kann zusätzlich helfen, dem Pferd den Einstieg leichter zu machen.

7.2 Longieren – Einsatzmöglichkeiten, Ausrüstung, Technik

Das Longieren ist eine Tätigkeit mit dem Pferd vom Boden aus, die irgendwo zwischen geführter Bodenarbeit und Freiarbeit (siehe Kap. 8, S. 158 ff.) liegt und deshalb hier erwähnt werden soll. In der klassisch-sportlichen Ausbildungsarbeit ist das Longieren in seiner Vollendung (Doppellonge) eine wahre Kunst, die viel Erfahrung durch den Longenführer erfordert. Zum Longieren gibt es ein eigenes Abzeichen (vgl. auch FN-Broschüre Longieren sowie APO).

Longieren gehört im weiteren Sinne ebenfalls zur Bodenarbeit.

Longieren ist aber immer auch eine gute Ergänzung bzw. Alternative zum Reiten und eine Fortführung der geführten Bodenarbeit. Tauchen beim Longieren Probleme auf, ist es sinnvoll, wieder einen Schritt zurück zu machen und sich vermehrt der geführten Bodenarbeit zu widmen.

Longiert werden kann:

1. als Vorbereitung aufs Anreiten,
2. als Teil der Bodenarbeit,
3. als Abwechslung in der täglichen Arbeit,
4. als Aufwärmphase vor dem Reiten (vor allem bei „kernigen" Pferden),
5. zur Förderung der Losgelassenheit,
6. zur Verbesserung der Arbeit „über den Rücken" ohne Reitergewicht,
7. zur Muskulaturentwicklung,
8. in Rekonvaleszenz-Phasen, z.B. bei Abschürfungen in der Sattellage, bei Muskelverspannungen u.Ä.

Die Ausrüstung

Zum Longieren braucht man eine Longe (mind. 7–8 m), Trense, einen Sattel und/oder Longiergurt, Ausbinder oder Dreieckszügel, im Idealfall einen Kappzaum und eine Longierpeitsche (4–8 m lang, inklusive Schlag).

Der Longierplatz

Am besten eignet sich ein eingezäunter Platz wie eine Longierhalle oder ein Longierzirkel bzw. ein Round Pen mit einem Durchmesser von mind. 12 m, besser 16 m. Longiert man auf einem offenen Platz, ist es vor allem für junge Pferde hilfreich, mit Cavaletti (ohne Holz- oder Metallkreuze), Hindernissen oder Ähnlichem eine äußere Begrenzung zu schaffen und so ein seitliches Ausbrechen zu verhindern.

Das Longieren

Zum Longieren selbst stellt man sich mit dem zum Longieren vorbereiteten Pferd zunächst im Mittelpunkt des Zirkels auf und bindet es auf beiden Seiten etwa in Höhe des Buggelenks aus. Die Länge der Ausbinder/Dreieckszügel richtet sich dabei nach der Größe und dem Ausbildungsstand des Pferdes sowie der Gangart. Große Pferde müssen entsprechend länger ausgebunden werden, unaufgewärmte und junge Pferde sowie Pferde in der Schrittarbeit ebenfalls. Sie brauchen ihren Hals als Balancierstange, zu eng ausgebunden würde man ihnen dieses Instrument nehmen und sie damit an der freien Bewegung und an einem schwingenden Rücken hindern. Zu lang verschnallt sollten die Ausbinder/Dreieckszügel auch nicht sein, da manche Pferde dazu neigen, sich weit nach oben herauszuheben und dabei den Unterhals zu betonen und den Rücken zu verspannen.
Zur Längenkontrolle der Hilfszügel stellt man sich vors Pferd, fasst in beide Gebissringe und hebt den Kopf des Pferdes ein wenig an. Kommt seine Stirnlinie problemlos leicht vor die Senkrechte, ist die Länge der Ausbinder/Dreieckszügel richtig.

Die Longierpeitsche wird während des Einrichtens der Hilfszügel mit dem langen Ende nach hinten zeigend unter dem Arm festgeklemmt. Während der ganzen Zeit sollte die Longe bereits im inneren Gebissring unterhalb von Zügel und Hilfszügel oder im vorderen bzw. seitlichen Ring des Kappzaums eingehängt sein, und zwar so, dass der ungebrauchte Teil in losen, etwa 30 cm großen Schlaufen in einer Hand liegt und sich durch Öffnen der Hand leicht verlängern lässt, ohne dabei zu verknoten.

Der Vorteil der Verwendung eines Kappzaums liegt bei jungen oder ungstümen Pferden vor allem darin, dass die Longe nicht im Gebissring eingehängt ist und so bei einem seitlichen Ausweichen oder bei einem ungestümen Herumbuckeln das Gebiss weder zur Innenseite herausgezogen werden noch ein unangenehmer Zug aufs Gebiss entstehen kann. Das Vertrauen in eine beidseits gleichmäßige Anlehnung bleibt erhalten.

Ist alles eingerichtet, tritt der Longenführer seitlich in Richtung Hinterhand zurück und lässt das Pferd nach vorn aus der Mitte heraus antreten. Genau wie bei der Bodenarbeit wird durch die Bewegung in Richtung der Hinterhand ein vorwärtstreibender Effekt erreicht, der durch Weisen der Longierpeitsche in Richtung Sprunggelenk noch verstärkt wird. Das Pferd bewegt sich nun auf dem äußeren Hufschlag und dort im Kreis um den Longenführer herum, eingerahmt in Longe und Longierpeitsche. Durch Veränderung der Körperposition (siehe Zeichnung) und Haltung der Peitsche (heben, senken, knallen, nach hinten unter den Arm klemmen) lassen sich Tempo und Gangart bestimmen. Hinzu kommen feinste Einwirkungen über die Longe bzw. mittels Stimmkommandos. Auch beim Longieren sollte die Intensität der Signale mit der Zeit minimiert werden.

Das Tempo beim Longieren sollte frisch, aber nicht eilig oder stürmend sein. Ein Herumscheuchen im Longierzirkel oder Round Pen ist grundsätzlich abzulehnen, da durch die dabei wirkenden Fliehkräfte die Sehnen und Bänder der Pferdebeine einseitig überlastet werden und es so zu schweren Gesundheitsschädigungen kommen kann.

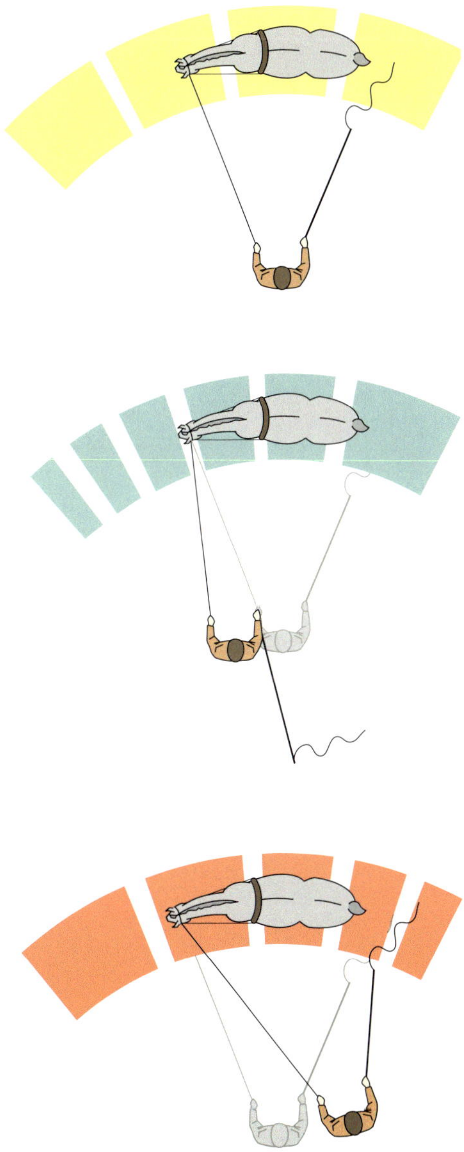

Longier-Positionen: Oben die neutrale Haltung, in der Mitte die Positionsveränderung „Tempo reduzieren“, unten „Vorwärts treiben“

KAPITEL 8

FN-FORTBILDUNGS-MÖGLICHKEIT FREIARBEIT/ SEILLOSE BODENARBEIT

Im Zusammenhang mit dem 2014 neu eingerichteten „Abzeichen Bodenarbeit" besteht auch die Möglichkeit eines auf dem Abzeichen aufbauenden Weiterbildungskurses. Hier werden auf der Basis des bisher zur Bodenarbeit Erlernten unter anderem Grundlagen der Freiarbeit sowie der seillosen Bodenarbeit erarbeitet. Während die geführte Bodenarbeit durch den Einsatz auch taktiler Reize letztlich als eine Vorstufe zur späteren Hilfengebung vom Sattel aus angesehen werden kann, fällt dieser direkte Bezug bei der Freiarbeit und der seillosen Bodenarbeit allerdings weg. Hier treten mehr die reine Mensch-Pferd-Beziehung sowie die Verfeinerung der allein körpersprachlichen Kommunikation (SIEHE KAP. 5, S. 88 FF.) in den Vordergrund der Arbeit.

8.1 Allgemeine Grundlagen

Freiarbeit ist eine besondere Form der Arbeit mit dem Pferd am Boden. Im Gegensatz zur geführten Bodenarbeit besteht keine Verbindung zum Pferd etwa durch Zügel, Strick, Longe oder Seil. Zu unterscheiden sind dabei die Freiarbeit im Longierzirkel/Round Pen (im weiteren Round Pen) und die seillose Bodenarbeit. In beiden Fällen ist die solide Grunderziehung am Boden eine notwendige Voraussetzung. Einer der wesentlichen Unterschiede zwischen diesen Trainingsmethoden ist die räumliche Distanz des Menschen zum Pferd. Während bei der Freiarbeit die Entfernung von der Größe des eingezäunten Bereiches bestimmt wird – vereinfacht gesagt also „Longieren ohne Longe" –, befinden sich bei der seillosen Bodenarbeit Mensch und Pferd in der Regel in unmittelbarer Nähe und können so sämtliche Übungen machen, die es auch bei der geführten Bodenarbeit gibt.

Bei der Freiarbeit wird das Pferd ohne Seil oder Longe im Longierzirkel/Round Pen gearbeitet.

Bei der Freiarbeit im Round Pen soll das Pferd kontrolliert in allen drei Grundgangarten bewegt werden. Die Freiarbeit baut auf der geführten Bodenarbeit auf. Das Pferd ist also bereits am Boden ausgebildet und soll nun lernen, auch bei größerer Distanz auf die Körpersprache des Menschen zu reagieren und verschiedene Übungen wie Gangart- und Richtungswechsel durchzuführen.

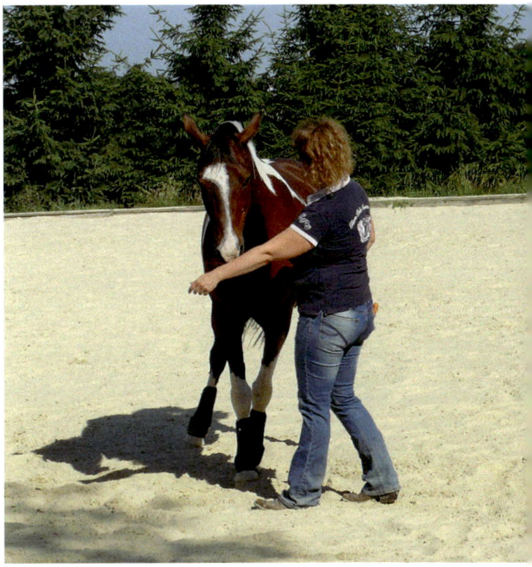

Bei der seillosen Bodenarbeit werden – auch auf einem größeren Platz – alle Übungen der geführten Bodenarbeit allein über Körpersprache und Stimmkommandos erarbeitet.

Die seillose Bodenarbeit bezieht sich ebenfalls konkret auf das Führtraining aus der geführten Bodenarbeit. Anspruchsvollere Übungen wie Gangartwechsel, Anhalten, seitliches Verschieben oder Elemente aus dem Geschicklichkeits- bzw. Gelassenheitstraining sollen ohne eine Verbindung zum Pferd durchgeführt werden. Freiarbeit und seillose Bodenarbeit sind nicht zu verwechseln mit der Freiheitsdressur, bei der es ausschließlich um das Erlernen von zirzensischen Lektionen geht.

8.2 Ziele

Wie bereits ausführlich beschrieben, sind Pferde Profis im Lesen von Körpersprache. Beim Menschen sind dagegen sowohl der Einsatz als auch das Deuten von nonverbaler Kommunikation immer mehr in den Hintergrund gerückt. Eine eindeutige Körpersprache des Menschen ist bei der Freiarbeit und seillosen Bodenarbeit allerdings noch viel wichtiger als bei der geführten Bodenarbeit. Sie funktionieren nur, wenn die Verständigung zwischen Mensch und Pferd gelingt. Da es kein Seil oder keine Zügel gibt, über die im Zweifelsfall eingewirkt werden kann, muss der Mensch für das Pferd eindeutig „lesbar" sein. Das führt dazu, dass sich der Mensch intensiv mit seiner verbalen und mit seiner nonverbalen Wirkungsweise auseinandersetzen muss.

Freiarbeit und seillose Bodenarbeit erfordern somit ein hohes Maß an Reflexionsvermögen. Der Mensch muss zunächst wissen, welches Manöver er durchführen möchte, um dann Körpersprache und Stimmkommandos effektiv einsetzen zu können. Die feine und sensible Kommunikation ist das Ziel. Ihr zugrunde liegen Vertrauen, Geduld, Konsequenz, Gradlinigkeit und Fairness.

Über Freiarbeit und seillose Bodenarbeit wird das Gespür des Menschen für den passenden Moment seiner Einwirkungen geschult, werden richtiges Timing und Dosierung von Einwirkung, Lob und Korrektur trainiert, was auch für das Reiten und die Dosierung reiterlicher Hilfen große Vorteile hat.

Pferde, die die seillose Kommunikation beherrschen, sind oft weniger schreckhaft, da sie gelernt haben, sich intensiv auf den Menschen zu fokussieren. Durch die kommunizierende Arbeit am Boden wird außerdem die Auffassungsgabe der Pferde trainiert. Die Aufmerksamkeit wird immer wieder geweckt und muss gehalten werden. Dies führt dazu, dass sich die Konzentrationsfähigkeit (SIEHE KAP. 4, S. 63) insgesamt verbessert.

8.3 Freiarbeit – Trainingsort und Ausrüstung

Das Freiarbeitstraining sollte auf einem runden, eingezäunten Platz mit griffigem, nicht zu tiefem Boden durchgeführt werden. Im Kontext der Freiarbeit hat sich inzwischen vermehrt die englische Bezeichnung Round Pen für diese Kreisbahn, also den umfriedeten Longierzirkel, durchgesetzt und soll deswegen auch hier übernommen werden. Die Einzäunung des Round Pen muss stabil sein und darf keine Verletzungsgefahr für das Pferd bergen.

Grundsätzlich ist darauf zu achten, dass der Round Pen einen Mindestdurchmesser von rund 16 m aufweist. Ein zu kleiner Zirkel würde auf Dauer die Gelenke des Pferdes zu stark belasten. Ein größerer Zirkel oder ein eingezäunter Reitplatz bzw. eine Reithalle sind als Trainingsort auch denkbar, allerdings erschwert insbesondere zu Beginn der Ausbildung eine zu große Distanz die Einwirkung auf das Pferd. Bei fortgeschrittenen Pferden in der seillosen Bodenarbeit spielt der Abstand zum Menschen keine maßgebliche Rolle mehr. Sie haben gelernt, auf Körpersprache und Stimmkommandos zu reagieren, und gehorchen auch auf größere Entfernung. Um dieses Ziel zu erreichen, sollte da stets mit Freiarbeitstraining in einem Zirkel begonnen werden.
Hilfsmittel für die Freiarbeit können eine Peitsche oder ein Bodenarbeitsseil sein. Das Pferd sollte idealerweise ein Knotenhalfter tragen. Es empfiehlt sich, die Beine des Pferdes durch Gamaschen oder Bandagen zu schützen. Je nach Temperament und Ausbildungsstand des Pferdes sind Handschuhe empfehlenswert, da grade zu Beginn der Ausbildung das Pferd immer wieder an das Seil genommen werden muss, um einzelne Übungen aus der führenden Position heraus zu festigen.

8.3.1 Grundregeln

- Die Basis für die Freiarbeit ist eine solide Erziehung des Pferdes am Boden. Das Pferd hat gelernt, auf den Menschen zu achten, ihn zu respektieren, seine Körpersprache zu lesen und auf bestimmte verbale Kommandos zu reagieren.
- Bei der Freiarbeit im Round Pen handelt es sich nicht um ein „Laufenlassen". Das Ziel der Freiarbeit besteht in der Kontrolle des Pferdes aus der Entfernung heraus. Eine Trainingseinheit darf also nicht mit unkontrolliertem Losrennen beginnen, bei dem das Pferd Richtung und Gangart bestimmt. Die „Aufwärmphase" sollte je nach Ausbildungsstand des Pferdes mit geführten Übungen im Round Pen beginnen. Empfehlenswert sind hier punktgenaues Führen, Anhalten, Stehenbleiben und Rückwärtstreten-Lassen auf beiden Händen.

- Falls eine Tempokontrolle des Pferdes noch nicht zuverlässig sichergestellt ist, sind die ersten Trabeinheiten am langen Seil oder an der Longe durchzuführen. Wenn das Pferd noch nicht warm ist, könnte ein plötzliches Losrennen zu Verletzungen führen. Grundsätzlich ist eine Trainingseinheit im Round Pen nach maximal 30 Minuten zu beenden, da auch bei dieser Art der Arbeit vom Boden aus die Konzentrationsfähigkeit des Pferdes dann meist nachlässt. Dabei sind immer wieder Pausen, beispielsweise durch Stillstehen, einzulegen und die Hand ist mehrfach zu wechseln, damit die Gelenke nicht einseitig belastet werden. Das Training auf beiden Händen sollte stets ausgewogen sein.
- Zudem sollten auch immer wieder Desensibilisierungs-Übungen eingebaut werden. Das Pferd soll die Hilfsmittel wie Bodenarbeitsseil oder Peitsche nicht fürchten, sondern lediglich respektieren.

8.3.2 Stimmkommandos

Selbstverständlich müssen bei der Freiarbeit die gleichen Stimmkommandos zum Einsatz kommen wie bei der Bodenarbeit. Dabei spielt es keine Rolle, für welche Kommandos man sich entscheidet. Entscheidend ist nur, dass immer die gleichen Kommandos für die gleichen Übungen verwendet werden. Es obliegt somit dem Ausbilder, ob er für das Anhalten beispielsweise „Steh" oder „Whoa" oder „Haaalt" gebrauchen möchte.

Wichtig sind auch die Abstufungen, abhängig davon, ob beispielsweise nur durchpariert oder aber angehalten werden soll. Für beide Manöver sollten unterschiedliche Stimmkommandos ausgewählt werden. Auch wenn der Einsatz der Körpersprache bei der Freiarbeit die wesentliche Signalgebung ist, kann auf verbale Kommandos nicht gänzlich verzichtet werden. Schaut ein Pferd einmal in eine andere Richtung, muss durch die Stimmkommandos wieder die Aufmerksamkeit auf den Menschen und das Training gelenkt werden.

8.3.3 Trainingsprinzipien

Das Freiarbeitstraining funktioniert wie die geführte Bodenarbeit nach dem gleichen Muster:

Signal – Umsetzung – Lob – Pause

Das Signal muss eindeutig sein. Nach der prompten Umsetzung durch das Pferd wird verbal „gelobt". Dies macht aber nur Sinn, wenn dieses „Lob" zuvor als sekundärer Verstärker eingerichtet wurde. (siehe Kap. 4, S. 78 ff.). Das „Lob" sollte zusätzlich durch eine kurze Pause unterstützt werden, um dem Pferd quasi die Zeit zum Verstehen zu geben. Das „Lernen lernen" ist ein wesentlicher Bestandteil der Erziehung am Boden. Ohne diese Grundregeln lassen sich Pferde gerade in der Freiarbeit schlecht motivieren und die notwendige Lernbereitschaft und Freiwilligkeit stellt sich nicht ein.

Ein weiteres Prinzip in der Freiarbeit ist – wie auch beim Reiten, Longieren oder Fahren – die Reduktion der Signale bzw. Hilfen. Um den Pferden ein bestimmtes Manöver beizubringen, sind anfangs vielleicht sehr deutliche Hilfestellungen notwendig. Beispielsweise ist es beim Rückwärtstreten-Lassen im Anfangsstadium üblich, dass die Hilfen noch relativ nah am Pferd gegeben werden. Mit der Zeit lässt sich der Abstand zum Pferd vergrößern, bis es

Rückwärtstreten lassen aus größerer Entfernung heraus

sogar im Abstand von mehreren Metern auf ein Stimmkommando hin rückwärts geht.

Eine feine Kommunikation und ein punktgenaues Reagieren können nur erreicht werden, wenn die richtige Balance zwischen „Lob" und Korrektur besteht. Wenn ein Manöver nicht zufriedenstellend umgesetzt wurde, sollte es unter Einsatz einer intensiveren Signalgebung wiederholt werden. Geschieht dies dann wie erwartet, sollte dem Pferd noch einmal die Gelegenheit gegeben werden, die Übung wieder bei weniger Einwirkung durchzuführen.

Versucht man beispielsweise, ein nicht so lauffreudiges Pferd immer mit dem gleichen Peitscheneinsatz zum Angaloppieren zu bewegen, ohne eine Reaktion konsequent einzufordern, wird sich auch nach wiederholtem Training keine unmittelbare Reaktion auf das Signal einstellen, da es bereits zur Abstumpfung gekommen ist. Ähnliche Prinzipien sind auch beim Reiten zu beobachten und zu beachten!

Der Einsatz von Hilfsmitteln wie Seil und Peitsche ist natürlich wesentlich vom Pferdetyp abhängig. Ein lauffreudiges oder sogar ängstliches Tier benötigt einen völlig anderen Trainingsstil als ein eher bequemes Pferd. Auch bei der Freiarbeit bewahrheitet sich der reiterliche Grundsatz, dass jedes Training typgerecht sein muss.

Die Freiarbeit selbst offenbart den Gemütszustand des Menschen wie kaum eine andere Trainingsmethode. Ist der Mensch ungeduldig, ärgerlich oder ängstlich, wird ihm das Pferd nicht folgen. Somit bilden die innere Entspannung und Losgelassenheit des Menschen erst das Fundament, auf dem Kommunikation entstehen kann. In der Boden- und Freiarbeit kann der Mensch also lernen, sich selbst zu entspannen – letztlich auch eine Grundvoraussetzung für erfolgreiches und harmonisches Reiten.

Typgerechtes Training bezieht sich immer auf Mensch und Pferd. Gerade bei jungen, temperamentvollen oder charakterlich schwierigeren Pferden ist der Sicherheit größte Bedeutung beizumessen. Zu beachten ist, dass während des Trainings im Round Pen immer ein ausreichend großer Abstand zur Hinterhand gehalten werden muss.

Lässt sich das Pferd im Round Pen nicht kontrollieren, ist das entsprechende Ausbildungsniveau noch nicht erreicht und es muss wieder verstärkt Bodenarbeit insbesondere am langen Seil trainiert werden.

Grundsätzlich sollten die ersten Übungen mit dem freien Pferd im Round Pen nicht im Alleingang erfolgen. Je nach Pferdetyp können bestimmte körperliche Signale des Menschen auch als Drohung aufgefasst werden. Deshalb sollte, wie beim Reiten, auch bei der Freiarbeit ein erfahrener Trainer herangezogen werden.

8.3.4 Übungen

Folgende Übungen könnten Bestandteil eines Weiterbildungskurses „Freiarbeit im Round Pen" sein:

Tempokontrolle und punktgenaue Gangartwechsel

Die wichtigste Basis für alle Lektionen im Round Pen ist die Kontrolle der Geschwindigkeit. Das Pferd sollte auf das entsprechende Signal (Körpersprache, Stimmkommando und/oder Einsatz von Peitsche/Seil) die jeweils gewünschte Gangart zeigen. Die Übergänge zwischen den Gangarten sollten punktgenau und unmittelbar nach Erteilung des Kommandos vom Pferd umgesetzt werden.

Die Ausgangsposition des Menschen befindet sich in der Mitte des Round Pen. Er hat stets Blickkontakt zum Pferd und dreht sich um die eigene Achse auf der Stelle mit. Für das Verlangsamen, das Halten des Tempos und das Beschleunigen muss die Ausgangsposition leicht verändert werden. (Abb.) Der Körper des Pferdes kann für die Tempokontrolle in drei Zonen untergliedert werden. Befindet sich der Mensch auf Kopfhöhe oder leicht davor, hat er eine verlangsamende Wirkung. Schaut der Mensch auf den Rippenkasten des Pferdes (siehe Zeichnung), soll das Tempo beibehalten werden. Nimmt der Mensch eine Position auf Höhe der Hinterhand oder leicht dahinter ein, hat dies eine treibende Wirkung.

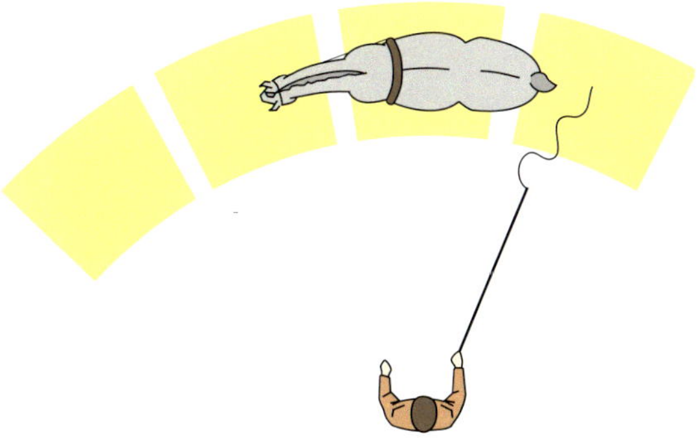

Die Körperpositionen zum Treiben bzw. Parieren bei der Freiarbeit sind denen beim Longieren ähnlich (vgl. Seite 155).

Die exakte Position bzw. der Winkel zum Pferd können je nach Ausbildungsstand und Pferdetyp variieren. Wichtig ist, dass der Mensch immer wieder an seine Ausgangsposition zurückkehrt. Vermieden werden sollte das stetige „Mitlaufen" auf einem kleineren Zirkel.

Richtungswechsel

Das eben erläuterte Schema der Tempokontrolle des Pferdes findet auch beim einfachen Richtungswechsel Anwendung. Der einfache Richtungswechsel sollte immer dadurch erfolgen, dass sich das Pferd nach außen abwendet und die Hand wechselt. Dazu muss sich der Mensch vor dem Kopf des Pferdes befinden und durch ein Stimmkommando und/oder den Einsatz von Peitsche oder Seil das Pferd zum Abwenden auffordern. Sollte das Pferd von der linken auf die rechte Hand wechseln, muss der Mensch dazu Peitsche oder Seil in die linke Hand nehmen.

Zum Richtungswechsel muss sich der Mensch in einigen Metern Abstand vor den Pferdekopf begeben und ein eindeutiges Signal mit dem Arm bzw. dem Seil/Peitsche zum Abwenden geben.

Hat das Pferd das Wendemanöver eingeleitet, sollte die Hilfe sofort weggenommen und gelobt werden. Es ist darauf zu achten, dass das Pferd nach dem Richtungswechsel nicht selbstständig die Gangart wechselt. Die Wechsel sind im Schritt durchzuführen.

Nach-aussen-Schicken und Hereinholen

Weitere Basisübungen in der Freiarbeit sind das Auf-den-Hufschlag-Schicken und das Hereinholen. Das Pferd muss auf ein Signal auf den Hufschlag gehen und auch auf dem Hufschlag bleiben. Es darf nicht abkürzen oder selbstständig nach innen kommen. Auch hier ist unwesentlich, welches Stimmkommando verwendet wird. Es muss nur jedes Mal in Verbindung mit Körpersprache und Einsatz von Peitsche und/oder Seil gebraucht werden, wenn das Pferd unaufgefordert den Hufschlag verlässt. Der Mensch befindet sich zur Korrektur auf Schulterhöhe des Pferdes und schickt es wieder nach außen.

Das Hereinholen muss ebenfalls kontrolliert und punktgenau erfolgen. Signalisiert der Mensch durch ein verbales Kommando und/oder durch seine Körpersprache, dass das Pferd in die Mitte des Round Pen kommen darf, soll das Pferd unmittelbar vom Hufschlag abbiegen und zum Menschen kommen. Diese Übung kann am Anfang einige Zeit dauern. Hier sind Geduld und Ruhe gefragt. Unsichere Pferde zögern mehr und benötigen immer wieder Ermunterungen, bis sie schließlich Vertrauen fassen. Es sollte auf jeden Fall vermieden werden, das Pferd direkt anzuschauen, da dies für einige Pferde bedrohlich wirken könnte. Allerdings zeigt sich gerade beim Hereinholen, wie individuell verschieden Pferde reagieren. Ihre Reaktionen hängen vom Grad der Sozialisierung, dem Charakter und dem Verhältnis zum Menschen ab.

Anhalten und Stillstehen

Das Pferd soll lernen, auf ein Signal des Menschen auf dem Hufschlag stehen zu bleiben und so lange stillzustehen, bis es wieder ein Signal zum Losgehen erhält. Das Signal besteht aus einer Kombination aus Stimmkommando, Körpersprache und Position zum Pferd. Das verbale Kommando sollte bereits bei der geführten Bodenarbeit sicher erlernt worden sein. Im Round Pen ist das Anhalten zunächst aus dem Schritt heraus zu üben. Der Mensch muss sich dazu deutlich vor dem Kopf des Pferdes befinden, das Stimmkommando für das Anhalten geben und gegebenenfalls durch Ausstrecken des Armes bzw. Einsatz der Peitsche das Pferd zum Anhalten bringen.

Entscheidend für das Gelingen ist das richtige Maß der Hilfengebung. Wird das Pferd zu wenig gebremst, geht es einfach weiter. Ist die Hilfe zu stark, könnte sich das Pferd plötzlich abwenden. Das Abwenden muss ruhig korrigiert werden, indem das Pferd mithilfe eines einfachen Richtungswechsels wieder auf die ursprüngliche Hand gebracht wird und erneut zum Anhalten aufgefordert wird.

Das Stillstehen wird trainiert, indem die Phasen bis zum Losgehen immer länger werden. Geht das Pferd eigenmächtig los, muss es immer wieder korrigiert werden und gegebenenfalls ein paar Schritte rückwärts geschickt werden.

Rückwärtstreten-Lassen

Das Rückwärtstreten-Lassen gehört zu den elementaren Übungen der Erziehung am Boden. So soll auch ein Pferd im Round Pen frei auf ein Stimmkommando und/oder den Einsatz von Peitsche oder Seil auf dem Hufschlag rückwärtstreten. Im fortgeschrittenen Ausbildungsniveau sollte sich der Mensch in der Mitte des Round Pen befinden. Um diese Lektion zu trainieren, müssen allerdings zunächst Positionen etwas näher am Pferd eingenommen werden. Wenn sich das Pferd dem Rückwärtstreten durch Abwenden entzieht, sollte es wieder auf die ursprüngliche Hand zurückgeschickt werden und die Übung neu begonnen werden.

Wechsel durch die Diagonale

Zu den fortgeschrittenen Übungen zählt der Wechsel durch die Diagonale. Der Wechsel durch die Diagonale setzt voraus, dass das Pferd zunächst auf ein Signal hereinkommt. Der Mensch begibt sich dazu rückwärts in Richtung Hufschlag, um das Pferd zum Abbiegen nach innen aufzufordern. Ist das Pferd abgebogen, wird es durch treibende Hilfen dazu angehalten, die Hand durch die Diagonale des Round Pen zu wechseln. Der Mensch muss dazu seine Position je nach Laufrichtung des Pferdes anpassen. Ist diese Lektion im Schritt erlernt, können die Wechsel durch die Diagonale auch im Trab durchgeführt werden.

8.4 Seillose Bodenarbeit

Grundsätzlich können nahezu alle Lektionen in der Bodenarbeit ab einem bestimmten Ausbildungsstand auch ohne Seil, Strick oder Zügel durchgeführt werden. In Weiterbildungskursen zur „seillosen Bodenarbeit" soll die Kommunikation zwischen Mensch und Pferd verfeinert und der Schwierigkeitsgrad der Lektionen erhöht werden.

Die seillose Form der Kommunikation stellt erhöhte Anforderungen an den Menschen und den Einsatz seiner Körpersprache. Sie ist sozusagen die „Hohe Schule der Bodenarbeit". Es gilt, die richtige Balance zu finden zwischen Konsequenz, Korrektur und „Lob". Funktionieren bestimmte Übungen nicht, sollte in der Ausbildung immer wieder ein Schritt zurückgegangen und das Pferd ans Seil genommen werden.

Das Pferd hat sich auf diesem Ausbildungsniveau daran gewöhnt, den Menschen zu „lesen". Der Mensch sollte sich dessen stets bewusst sein und sein Handeln danach ausrichten. Die Pferde werden durch diese Arbeit in der Regel wacher und neugieriger. Der Spieltrieb wird aktiv gefordert. Die Auffassungsgabe wird trainiert. Allerdings ist unbedingt darauf zu achten, dass das Spielen nicht unkontrolliert und das Pferd nicht übermütig wird. Viele Pferde neigen dazu, bestimmte Übungen vorwegzunehmen. Aber auch in diesem Fall sollte korrigiert und darauf geachtet werden, dass das Pferd ein klares Signal abwartet.

8.4.1 Übungen

Folgende Lektionen könnten Bestandteil eines Weiterbildungskurses zur „seillosen Bodenarbeit" sein:

TEMPOANPASSUNG

Ein Lernziel besteht in der Tempoanpassung. Das Pferd soll lernen, in den Gangarten Schritt, Trab und Galopp, seine Position neben dem Menschen beizubehalten. Der Mensch gibt das Tempo vor und das Pferd richtet sich freiwillig nach dieser Geschwindigkeit. Das Pferd lernt also „bei Fuß" zu gehen.

Anhalten und Stillstehen

Ebenso sollte das Pferd bereitwillig, ohne äußere Einwirkung, mit dem Menschen anhalten. Dies kann sowohl aus dem Schritt als auch aus Trab und Galopp erfolgen. Das Stehenbleiben ist im Rahmen der seillosen Arbeit besonders wichtig und muss verlässlich eingeübt werden.

Rückwärtstreten-Lassen

Auch beim Rückwärtstreten soll das Pferd lediglich auf Körpersprache und Stimmkommando reagieren und exakt in der Position an der Seite des Menschen bleiben. Zu Anfang kann die Peitsche bzw. Gerte zur Unterstützung eingesetzt werden.

Flexibilisierung der Führposition

Werden die oben genannten Lektionen sicher beherrscht, kann die „Führposition" weiter variiert werden. So kann Rückwärtstreten verlangt werden, wenn sich der Mensch seitlich neben der Hinterhand befindet oder wenn er einige Meter direkt vor dem Pferd steht und dieses anschaut. Bei den Seitengängen kann seitliches Verschieben oder seitliches Folgen trainiert werden, wenn sich der Mensch auf Höhe der Schulter befindet. Werden die Position und Körpersprache leicht variiert, kann das Pferd Vor- und Hinterhandwendungen ausführen.

Geschicklichkeits- und Gelassenheitsaufgaben

Selbstverständlich können auch verschiedene Geschicklichkeits- oder Gelassenheitsaufgaben frei bewältigt werden. Beispiele sind das Halten über der Stange, das vielseitige Stangenkreuz sowie das seitliche Verschieben über einer Stange. Ist das Vertrauen zwischen Mensch und Pferd hergestellt, folgen Pferde auch bereitwillig in vermeintlichen Gefahrensituationen. Wenn der Mensch Ruhe ausstrahlt und signalisiert, dass keine Gefahr droht, lassen sich auch Hindernisse wie Planen, Flatterband, Bälle oder Regenschirme problemlos bewältigen.

Der Vielfalt sind kaum Grenzen gesetzt. Ist die Verständigung zwischen Mensch und Pferd einmal klar, kann ein abwechslungsreiches Programm zusammengestellt werden, das beiden viel Freude bereitet. Letztendlich entsteht ein wirklich nachhaltiges und enges Vertrauensverhältnis durch die Freiarbeit nur, wenn auch hierbei der Mensch die typischen Charaktermerkmale des Flucht- und Herdentieres Pferd berücksichtigt und sich auf die Sprache der Pferde einlässt.

ANHANG

Das sagt die APO 2014

Abzeichen	Prüfungsinhalte Bodenarbeit
RA 10	• Ansprechen und Annähern an das Pferd • Führen und Halten an einem vorgegebenen Punkt • Anbinden • Sicherheit auf der Stallgasse
RA 9	• alle Inhalte von RA 10 • Führen geradeaus von beiden Seiten • das angebundene Pferd zur Seite weichen lassen • Passieren anderer Pferde
RA 8	• alle Inhalte aus RA 10 und 9 • Slalom • Gangmaßwechsel im Schritt
RA 7	• alle Inhalte aus RA 10, 9, 8 • Führen auf Trense • Führen von Hufschlagfiguren • Traben auf gerader Linie • Rückwärtstreten lassen
RA 6	• alle Inhalte aus RA 10, 9, 8, 7 • Vorführen auf der Dreiecksbahn • Mithilfe und Grundsätze beim Verladen von Pferden
RA 5	• alle Inhalte aus RA 10, 9, 8, 7, 6 • systematische Desensibilisierung (Umweltreize)
Abzeichen Bodenarbeit	• Entwicklungsgeschichte des Pferdes • Ethologie des Pferdes • Sinneswahrnehmungen des Pferdes • Lernen des Pferdes • Kommunikation Mensch-Pferd • Praktischer Umgang mit dem Pferd • Durchführung von Übungen zur Bodenarbeit

Um die Sensibilisierung für den richtigen Umgang mit dem Pferd zu fördern, verabschiedete die FN 1995 die „Ethischen Grundsätze des Pferdefreundes"!

Ethische Grundsätze des Pferdefreundes

1. WER AUCH IMMER sich mit dem Pferd beschäftigt, übernimmt die Verantwortung für das ihm anvertraute Lebewesen.

2. Die HALTUNG des Pferdes muss seinen natürlichen Bedürfnissen angepasst sein.

3. Der PHYSISCHEN WIE PSYCHISCHEN GESUNDHEIT des Pferdes ist unabhängig von seiner Nutzung oberste Bedeutung einzuräumen.

4. Der Mensch hat jedes Pferd GLEICH ZU ACHTEN, unabhängig von dessen Rasse, Alter und Geschlecht sowie Einsatz in Zucht, Freizeit oder Sport.

5. Das WISSEN um die Geschichte des Pferdes, um seine Bedürfnisse sowie die Kenntnisse im Umgang mit dem Pferd sind kulturgeschichtliche Güter. Diese gilt es zu wahren und zu vermitteln und nachfolgenden Generationen zu überliefern.

6. Der UMGANG MIT DEM PFERD hat eine persönlichkeitsprägende Bedeutung gerade für junge Menschen. Diese Bedeutung ist stets zu beachten und zu fördern.

7. Der Mensch, der gemeinsam mit dem Pferd Sport betreibt, hat sich und das ihm anvertraute Pferd EINER AUSBILDUNG zu unterziehen. Ziel jeder Ausbildung ist die größtmögliche HARMONIE ZWISCHEN MENSCH UND PFERD.

8. Die NUTZUNG DES PFERDES im Leistungs- sowie im allgemeinen Reit-, Fahr- und Voltigiersport muss sich AN SEINER VERANLAGUNG, SEINEM LEISTUNGSVERMÖGEN UND SEINER LEISTUNGSBEREITSCHAFT ORIENTIEREN. Die Beeinflussung des Leistungsvermögens durch medikamentöse sowie nicht pferdegerechte Einwirkung des Menschen ist abzulehnen und muss geahndet werden.

9. Die VERANTWORTUNG des Menschen für das ihm anvertraute Pferd ERSTRECKT SICH AUCH AUF DAS LEBENSENDE des Pferdes. Dieser Verantwortung muss der Mensch stets im Sinne des Pferdes gerecht werden.

Wissenschaftliche Quellen

AUSTIN, N.P. AND ROGERS, L.J. (2007). Asymmetry of flight and escape turning responses in horses. Laterality 12(5): 464–474.

BARTOŠ, L., BARTOŠOVÁ, J., & STAROSTOVÁ, L. (2008). Position of the head is not associated with changes in horse vision. Equine Veterinary Journal, 40(6), 599–601.

CARROLL, J., MURPHY, C. J., NEITZ, M., HOEVE, J. N., & NEITZ, J. (2001). Photopigment basis for dichromatic color vision in the horse. Journal of Vision, 1(2), 80–87.

DE BOYER DES ROCHES, A., RICHARD-YRIS, M.-A., HENRY, S., HAUSBERGER, M. (2008). Laterality and emotions: visual laterality in the domestic horse (Equus caballus) differs with objects' emotional value. Physiology and Behaviour, 94(3):487–90.

FARMER, K., KRUEGER, K. AND BYRNE, R. (2010). Visual laterality in the domestic horse (Equus caballus) interacting with humans. Animal Cognition, 13, 229–238.

FEIST, J.D., MCCULLOUGH, D.R., 1976. Behavior patterns and communication in feral horses. Zeitschrift für Tierpsychologie 41, 337–371.

GRZIMEK, B. (1943). Heimfindeversuche mit Pferden. Z. Tierpsychol., 5, 455–464.

GRZIMEK, B. (1949). Die Rechts- und Linkshändigkeit bei Pferden, Papageien und Affen. Zeitschrift für Tierpsychologie, 6: 406–432.

GRZIMEK, B. (1949). Das Erkennen von Menschen durch Pferde. Zeitschrift für Tierpsychologie, 6, 110–119.

HALL, C. A., CASSADAY, H. J., & DERRINGTON, A. M. (2003). The effect of stimulus height on visual discrimination in horses. Journal of Animal Science, 81(7), 1715–1720.

HANGGI, E.B. (2003). Discrimination learning based on relative size concepts in horses (Equus caballus). Applied Animal Behaviour Science, 83(3), 201–213.

HANGGI, E.B. AND INGERSOLL J.F. (2009). Long-term memory for categories and concepts in horses (Equus caballus). Animal Cognition, 13(3), 451–462.

HANGGI, E.B. & INGERSOLL J.F. (2009). Stimulus discrimination by horses under scotopic conditions. Behavioural Processes, 82: 45–50, doi:10.1016/j.beproc.2009.04.009

HEFFNER, H. E., & HEFFNER, R. S. (1983). The hearing ability of horses. Equine Practice, 5, 27–32.

HENRY, S., RICHARD-YRIS, M.-A. AND HAUSBERGER, M. (2006). Influence of various early human-foal interferences on subsequent human-foal relationship. Developmental Psychobiology, 48(8), 712–718.

JANSEN, T., FORSTER, P., LEVINE, MA., OELKE, H., HURLES, M., ET AL. (2002) Mitochondrial DNA and the origins of the domestic horse. Proceedings of the National Academy of Sciences 99: 10905–10910.

JENSEN, P. (2002) Behavioural Genetics, Evolution and Domestication. In: Jensen P, editor. Ethology of domestic animals: an introductory text. New York: CABI Pub. pp. 13–30.

KÖNIG VON BORSTEL, U., KEIL, J. (2012) Horses' behavior and heart rate in a preference test for shorter and longer riding bouts. Journal of Veterinary Behavior: Clinical Applications and Research 7: 362–374.

KÖNIG V. BORSTEL, U., EUENT, S. Influence of type and intensity of riders' reinforcement on horses' fear reactions; 2012; Edinburgh, UK. pp. 100.

KRUEGER, K. AND HEINZE, J. (2008). Horse sense: social status of horses (Equus caballus) affects their likelihood of copying other horses` behavior. Animal Cognition, 11(3), 431–439.

KRUEGER, K., FARMER, K. AND HEINZE, J. (2013). Social learning in horses highlights the importance of considering individual and social factors when evaluating animal intellect. Animal Cognition.

KRUEGER, K. (2007). Behaviour of horses in the "round pen technique". Applied Animal Behavour Science, 104(1-2), 162–170.

KRUEGER, K. AND HEINZE, J. (2008). Horse sense: social status of horses (Equus caballus) affects their likelihood of copying other horses` behavior. Animal Cognition, 11(3), 431–439.

LEMASSON, A., BOUTIN, A., BOIVIN, S., BLOIS-HEULIN, C., & HAUSBERGER, M. (2009). Horse (Equus caballus) whinnies: a source of social information. Animal Cognition, 12(5), 693–704.

LEVINE, MA. (1999) Botai and the origins of horse domestication. Journal of Anthropological Archaeology 18: 29-78.

MCGREEVY, P.D., ROGERS, L.J. (2004). Motor and sensory laterality in thoroughbred horses. Applied Animal Behaviour Science 92: 337–352

MCGREEVY, P. (2004) Equine behavior : a guide for veterinarians and equine scientists; Anonymous, editor. Edinburgh; Philadelphia: W.B. Saunders. xiv, 369 p.-xiv, 369 p. p.

MCLEAN, A.N. (2004). Short-term spatial memory in the domestic horse. Applied Animal Behaviour Science, 85(1-2), 93–105.

PROOPS, L. AND MCCOMB, K. (2012). Cross-modal individual recognition in domestic horses (Equus caballus) extends to familiar humans. Proceedings of the Royal Society B: Biological Sciences, 279(1741), 3131–3138.

RUSHEN, J., MASON, G. (2006) A Decade-or-More's Progress in Understanding Stereotypies. In: Mason G., Rushen J., editors. Stereotypic Animal Behaviour - Fundamentals and Applications to Welfare. Wallingford, UK: CABI Publishing. pp. 1–18.

SASLOW, C. A. (2002). Understanding the perceptual world of horses. Applied Animal Behaviour Science, 78(2-4), 209–224.

TIMNEY, B. & MACUDA, T. (2001). Vision and hearing in horses. Journal of the American Veterinarian Medical Association, 218(10), 1567–1574.

VOITH, VL. (1986) Principles of learning. The Veterinary clinics of North America Equine practice 2: 485-506.

VON BORSTEL, U.U., KEELING, L.J., DUNCAN, I.J.H., 2005. Transfer of nervousness from the rider to the horse, 39th international congress of the International Society of Applied Ethology Sagamihara, Japan, p. 84.

VON BORSTEL, U.U., SHOVELLER, A.K., DUNCAN, I.J.H., MILLMAN, S.T., KEELING, L.J., 2007. Transfer of nervousness from the performance rider to the horse, 3rd International Equitation Science Symposium East Lansing, USA, p. 17.

VON BORSTEL, U.U., 2008. Fear in Horses and Riders: Two Hearts Living in just One Mind – The Influence of Rider, Training and Genetics on horses' fear. Verlag Dr. Müller, Saarbrücken, Germany.

Fotos und Illustrationen

FOTOS

MIKE BEIMS, Hamburg: Seite 129

HIM/RIKA SCHNEIDER, Neuss: Seiten 17 re., 150

HIM /MICHAEL BRANDEL, Neuss: Seite 50

HIM/CHRISTIANE SLAWIK, Neuss: Seite 81

HIM /LOTHAR LENZ, Neuss: Seite 108 u.

NICOLE ISING, Solingen: Seiten 126 o., 127 (Foto 2.), 128 u., 132 u., 135 o., 162 (2)

UTE LIMBACH, Solingen: Seiten 138 o., 149

MENZENDORF. Leihgabe Niedersächsische Sparkassenstiftung und Kreissparkasse Verden im Deutschen Pferdemuseum, Verden/Aller: Seite 16

RICARDA MERTENS, Mannheim: Seite 139

DR. CLAUDIA MÜNCH, Haan: Seiten 111, 160, 164, 165 (2)

PETER PROHN, Barmstedt: Seiten 65, 79

JULIA RAU, Mainz: Seiten 15, 18 u.li., 20, 28 u.

BIRGIT SPOHR, Haan: Seiten 59, 156, 157

SILKE A. ROTTERMANN, Eberbach am Neckar: Seite 77 (entnommen aus „Feines Reiten auf motivierten Pferden", **FN***verlag*, Warendorf 2012)

SABINE SAGER, Warendorf: Seite 38

BARBARA SCHNELL, Krefeld: Seiten 22 (2), 24 (Foto 1, 2 und 4), 25 (Foto 1, 2 und 6), 26 (4), 27 (Foto 3–6), 28 (Foto 2 und 3), 33, 66, 85, 104 (2), 105 (2), 141 (3), 152 (6), 153 (abgesehen von Seite 85 alle Bilder entnommen aus „Horse-Handling", **FN***verlag*, Warendorf 2006)

MONIKA SCHRÖTER, Dillenburg: Seiten 24 (Foto 3), 61 o., 78, 87, 88, 100, 102, 110, 112 (2), 115, 119 (4), 125, 126 u., 127 (Foto 1., d), e) und 3.), 128 o., 130 (4), 131, 132 o., 135 Mitte, 135 u., 136, 137 (2), 140, 142, 143 (2), 144, 146 (3), 147 (2), 148 (4)

CHRISTIANE SLAWIK, Würzburg: Seiten 17 li., 18 o.li., 18 re., 25 (Foto 3, 4 und 5), 27 (Foto 1 und 2), 28 o., 29, 31, 32, 35, 40, 43, 48, 51, 63 (2), 69, 74, 75, 84, 117

JACQUES TOFFI, Hamburg: Seiten 23 (entnommen aus „Die Brücke zwischen Mensch und Pferd", **FN***verlag*, Warendorf 1998)

JULIA WENTSCHER, Vechta: Seite 96

ANDREA WOLTERS, Krefeld: Seite 108 o.

ILLUSTRATIONEN

CORNELIA KOLLER, Dierkshausen: Seiten 41, 45, 56, 92, 94, 95 (nach S. Lerbs), 105 u.li. (entnommen aus „Richtlinien für Reiten und Fahren Band 1. Grundausbildung für Reiter und Pferd", **FN***verlag*, Warendorf 2012), 155 (entnommen aus „Horse-Handling", **FN***verlag*, Warendorf 2006), 161, 144 (nach Skizze von S. Hänel)

SARA LERBS, Wendlingen: Seite 93

HANS-WERNER SATTLER, Hatten-Munderloh: Seite 138 u. (entnommen aus WBO 2013, **FN***verlag*, Warendorf)

UWE SPENLEN, Rösrath: Seite 39 (entnommen aus „Anatomie des Pferdes", **FN***verlag*, Warendorf 2012)

ZELLWEGER: Seite 14 (entnommen aus Armin Basche/Hans Dossenbach/Wernher Gorbracht/Ulrike Schramm: „Die schöne Welt der Pferde", Naturalis Verlags- und Vertriebsgesellschaft mbH, München 1981, S. 64/65)

Stichwortverzeichnis

WEITERE LITERATUR AUS DEM GESAMTPROGRAMM DES FNverlages

Die Offiziellen der FN – Die Richtlinien
Herausgeber: Deutsche Reiterliche Vereinigung e.V. (FN)

Grundausbildung für Reiter und Pferd, Richtlinien für Reiten und Fahren, Band 1
29. Auflage 2013,
ISBN: 978-3-88542-721-6

Richtlinien Band 2: Ausbildung für Fortgeschrittene
13. Auflage 2001,
ISBN: 978-3-88542-283-9

Richtlinien Band 3: Voltigieren
5. Auflage 2013,
ISBN: 978-3-88542-723-0

Richtlinien Band 4: Haltung, Fütterung, Gesundheit und Zucht
16. Auflage 2013,
ISBN: 978-3-88542-284-6

Richtlinien Band 5: Fahren
11. Auflage 2013,
ISBN: 978-3-88542-285-3

Richtlinien Band 6: Longieren
7. Auflage 1999,
ISBN: 978-3-88542-326-3

Die Offiziellen der FN – Regelwerke und Prüfungsvorbereitung
Herausgeber: Deutsche Reiterliche Vereinigung e.V. (FN)

Ausbildungs- und Prüfungs-Ordnung 2014 (APO),
Regelwerk für Ausbildung und Prüfung im deutschen Pferdesport,
1. Auflage 2013,
ISBN: 978-3-88542-784-1

FN-Abzeichen. Meine ersten Reitabzeichen (10–6)
Neumann-Cosel, Isabelle von
1. Auflage 2013,
ISBN: 978-3-88542-790-2

FN-Abzeichen. Die Reitabzeichen 5–1 der Deutschen Reiterlichen Vereinigung
Otte-Habenicht, Michaela
13. Auflage 2014,
ISBN: 978-3-88542-792-6

FN-Abzeichen. Basispass Pferdekunde
12. Auflage 2014,
ISBN: 978-3-88542-797-1

Die Offiziellen der FN – Prüfungsvorbereitung
Herausgeber: Deutsche Reiterliche Vereinigung e.V. (FN)

FN-Abzeichen. Reitpass
7. Auflage 2013,
ISBN: 978-3-88542-361-4

FN-Abzeichen.
Die Fahrabzeichen
Lohrer, Wolfgang
2. Auflage 2014,
ISBN: 978-3-88542-791-9

FN-Abzeichen. Basispass
Pferdekunde. Reitpass.
Fragen & Antworten
3. Auflage 2013,
ISBN: 978-3-88542-472-7

FN-Abzeichen.
Die Voltigierabzeichen
Lockert, Ute und Rieder, Ulrike
4. Auflage 2014,
ISBN: 978-3-88542-796-4

Ausbildung von Reiter und Pferd

Angstfrei Reiten
Willrich, Gine
1. Auflage 2004,
ISBN: 978-3-88542-398-0

Mit dem Pferdesport
aktiv bleiben
Hölzel, Dr. Petra †
1. Auflage 2004,
ISBN: 978-3-88542-321-8

Ausbildung junger Pferde
Rieskamp, Bianca
2. Auflage 2011,
ISBN: 978-3-88542-769-8

Reiten kann man
tatsächlich lernen
Neumann-Cosel, Isabelle von
2. Auflage 2009,
ISBN: 978-3-88542-393-5

Das Pferdebuch für
junge Reiter
Neumann-Cosel, Isabelle von
10. Auflage 2014,
ISBN: 978-3-88542-798-8

Wenn Pferde sprechen
könnten ... sie können!
Neumann-Cosel, Isabelle von
3. Auflage 2013,
ISBN: 978-3-88542-468-0

Gelassenheit im
Pferdesport
Fink, Georg W.
1. Auflage 2007,
ISBN: 978-3-88542-432-1

365 Ideen für den
Breitensport
Gast, Ulrike und Gast,
Christiane
3. Auflage 2013,
ISBN: 978-3-88542-786-5

Im Interesse gesunder Pferde

Anatomie des Pferdes
Hertsch, Prof. Dr. Bodo †
5. Auflage 2012,
ISBN: 978-3-88542-757-5

Natürlich gesund. Pferd, Reiter und Hund
Bergmann-Scholvien, Claudia
1. Auflage 2011,
ISBN: 978-3-88542-753-7

Biomechanik und Physiotherapie für Pferde
Kleven, Helle Katrine
3. Auflage 2011,
ISBN: 978-3-88542-734-6

Notfall-Ratgeber Pferde und Giftpflanzen
Dülffer-Schneitzer, Dr. med. vet. Beatrice
2. Auflage 2010,
ISBN: 978-3-88542-464-2

Gesunde Hufe – kein Zufall!
Lukas, Uwe
1. Auflage 2007,
ISBN: 978-3-88542-475-8

Pferdegesundheitsbuch
Dülffer-Schneitzer, Dr. med. vet. Beatrice
3. Auflage 2009,
ISBN:978-3-88542-374-4

Sämtliche Literatur des FNverlages ist zu beziehen über den Buchhandel sowie den Reitsportfachhandel oder ganz bequem von zu Hause im Internet.

www.fnverlag.de